AF289878

Anleitungen
für die chemische Laboratoriumspraxis
Band XVII

Herausgegeben von

F. L. Boschke, W. Fresenius, J. F. K. Huber, E. Pungor,
W. Simon und Th. S. West

Maximilian Zander

Fluorimetrie

Mit 51 Abbildungen und 12 Tabellen

Springer-Verlag
Berlin Heidelberg New York 1981

Professor Dr. Maximilian Zander
Rütgerswerke AG, 4620 Castrop-Rauxel

Herausgeber

Dr. Friedrich L. Boschke, Springer-Verlag, Postfach 105280, D-6900 Heidelberg 1

Prof. Dr. Wilhelm Fresenius, Institut Fresenius, Chemische und Biologische Laboratorien GmbH,
Im Maisel, D-6204 Taunusstein 4

Prof. Dr. J. F. K. Huber, Institut für Analytische Chemie der Universität Wien,
Währinger Straße 38, A-1090 Wien

Prof. Dr. Ernö Pungor, Institute for General and Analytical Chemistry,
Gellért-tér 4, H-1502 Budapest XI

Prof. Dr. Wilhelm Simon, Eidgenössische Technische Hochschule, Laboratorium für Organische
Chemie, Universitätsstraße 16, CH-8006 Zürich

Prof. Thomas S. West, Macaulay Institute for Soil Research, Craigiebuckler,
Aberdeen AB9 2QJ, U.K.

CIP-Kurztitelaufnahme der Deutschen Bibliothek
Zander, Maximilian:
Fluorimetrie / Maximilian Zander. — Berlin;
Heidelberg; New York: Springer, 1981.
(Anleitung für die chemische Laboratoriumspraxis; Bd. 17)

ISBN-13: 978-3-642-67933-9   e-ISBN-13: 978-3-642-67932-2
DOI: 10.1007/978-3-642-67932-2

NE: GT

Vorwort

Die Fluorimetrie, das ist die Anwendung des Fluoreszenzphänomens in der Analyse organischer und anorganischer Verbindungen sowie Elemente, hat in den letzten Jahren durch Fortschritte in der Instrumentation und die Einführung neuer Meßprinzipien eine stürmische Entwicklung erlebt. Hieraus, sowie aus dem steigenden Bedarf an hoch-empfindlichen, hoch-selektiven und schnellen Analysenmethoden auf aktuellen Gebieten, wie Umweltanalytik, Biochemie und klinischer Analytik, resultiert, daß die Fluorimetrie heute zu den wichtigsten Methoden der instrumentellen Analytik gehört.

Dieses Buch ist in erster Linie für den analytischen Praktiker geschrieben, der die Fluorimetrie in seinem Laboratorium einführen möchte, wobei das Schwergewicht auf die Vermittlung von Verständnis und nicht auf die Weitergabe von „Rezepten" gelegt wurde. Damit soll auch dem Anfänger auf diesem Gebiet ermöglicht werden, für spezielle analytische Fragestellungen im Prinzip bekannte Methoden optimal zu variieren. Aus dieser Zielvorgabe folgt die Konzeption des Buches: Die theoretischen Grundlagen der Fluorimetrie werden ausführlicher behandelt als dies in „Methodenbüchern" im allgemeinen üblich ist. Im Kapitel über die methodischen Grundlagen stehen die Behandlung der Meßprinzipien, möglicher Fehlerquellen und ihrer Vermeidung und der Kriterien zur Beurteilung der Leistungsfähigkeit von fluorimetrischer Instrumentation im Vordergrund. Alle wichtigen neuen fluorimetrischen Techniken werden in einem weiteren Kapitel behandelt, wobei jeweils Prinzip, Anwendungsbereich und derzeitige Grenzen der Methoden vorgestellt werden. Eine zusammenfassende Darstellung dieser neuen fluorimetrischen Techniken erschien besonders angezeigt, da Zusammenfassungen auf diesem Gebiet weitgehend fehlen, die Originalliteratur weit gestreut ist und erst die vergleichende Diskussion der einzelnen Techniken dem Analytiker ein Urteil ermöglicht, was bei einer speziellen analytischen Problemstellung am besten zu tun ist. Das Kapitel über Anwendungen der Fluorimetrie gibt Empfehlungen, wie der Analytiker relativ schnell und zuverlässig klären kann, ob und wo zu einer analytischen Aufgabe Lösungsvorschläge schon beschrieben sind. Bei der Auswahl von Anwendungsbeispielen waren eine möglichst große Variation der Methoden und Anwendungsgebiete entscheidend.

Das Buch ist aus der Praxis eines analytischen Labors entstanden und viele eigene Erfahrungen des Verfassers haben darin ihren Niederschlag gefunden. Für die großzügige Förderung unserer Arbeiten auf dem Gebiet der Fluoreszenzspektroskopie danke ich der Geschäftsleitung der Rütgerswerke AG, Frankfurt am Main.

Mein besonderer Dank gilt meinem Kollegen Herrn Professor Dr. H. Dreeskamp, Technische Universität Braunschweig, für die Durchsicht des Manuskripts, viele wertvolle Anregungen und fruchtbare Diskussionen. Meinem langjährigen Mitarbeiter, Herrn K. Bullik, danke ich für praktische Hinweise und die Anfertigung der Abbildungen, und Frau U. Wasner für ihre große Sorgfalt bei der Reinschrift des Manuskripts. Herrn Dr. F. Boschke, Springer-Verlag, danke ich sehr herzlich für die gute Kooperation bei der Entstehung des Buches.

Castrop-Rauxel, Februar 1981   M. Zander

Inhaltsverzeichnis

Kapitel IV
Spezielle fluorimetrische Techniken 84

Kapitel V
Anwendungen 108

Kapitel I

Die Rolle der Fluorimetrie in der instrumentellen Analytik

Die These des Wissenschaftstheoretikers Thomas S. Kuhn [1], daß „eine Entdeckung selten ein einziges Ereignis ist, das einem bestimmten Menschen, Zeitpunkt und Ort zugeordnet werden kann", ließe sich auch am Beispiel der Entdeckung der Fluoreszenz organischer Verbindungen detailliert belegen.

Erste Beobachtungen reichen bis in das 16. Jahrhundert zurück (Monardes, 1575 [2]). Einen entscheidenden Beitrag leistet Sir John Herschel 1845 mit der Entdeckung der Fluoreszenz von Chininsulfatlösungen [3], aber erst G. G. Stokes begründet die Fluoreszenzspektroskopie als neues Forschungsgebiet, indem er eine „Anomalie" (im Sinne von Th. S. Kuhn) erkennt, nämlich die Veränderung der Lichtwellenlänge als wesentlichen Unterschied der Fluoreszenz gegenüber der Lichtstreuung [4].

In seiner klassischen Untersuchung [4] führt Stokes auch den Term „Fluoreszenz" ein: „*As however the cause now appears to be so very different from ordinary reflexion, it seems objectionable to continue to use that term without qualification, and I shall accordingly speak of the phenomenon as dispersive reflexion*" und er fährt in einer Fußnote fort: „*I confess I do not like this term. I am almost inclined to coin a word, and call the appearance fluorescence, from fluor-spar, as the analogous term opalescence is derived from the name of a mineral*".

Die Entdeckung neuer physikalischer Phänomene an chemischen Spezies führt in der Regel zur Entwicklung neuer Analysenmethoden. Stokes sagt in seiner Arbeit [4]: „*Fluorescence furnishes a new chemical test, of a remarkably searching character, which seems likely to prove of great value in the separation of organic compounds. The test is specially remarkable for this, that it leads to the independent recognition of one or more sensitive substances in a mixture of various compounds.*"

Die Fluoreszenzspektroskopie organischer Verbindungen und ihre Anwendung als Analysenmethode, das ist die Fluorimetrie, erlebt in der Folgezeit eine stürmische Entwicklung, vorangetrieben einmal durch die zunehmende Verbesserung der Instrumentation zur Durchführung fluoreszenzspektroskopischer Untersuchungen, zum anderen durch die theoretische Deutung (und Voraussage) experimentell beobachteter Phänomene. R. L. Bowman [5] auf dem Gebiet der Instrumentation, Th. Förster auf dem Gebiet der Theorie sind die herausragenden Pioniere und Försters 1951 erschienenes Buch über die „Fluoreszenz Organischer Verbindungen" [6] ist auch heute noch die „Bibel" der Fluoreszenzspektroskopiker.

130 Jahre nach Stokes' Prognose [4] spielt heute die Fluorimetrie ihre spezifische Rolle im Ensemble der instrumentell-analytischen Methoden, wobei wir

unter „Instrumenteller Analytik" den qualitativen Nachweis und die quantitative Konzentrationsbestimmung organischer, anorganischer Verbindungen und chemischer Elemente sowie die Konstitutionsaufklärung chemischer Spezies unter Nutzung physikalischer Phänomene verstehen.

Die moderne instrumentelle Analytik ist unter anderem durch eine außerordentliche Vielfalt der Methoden und Methodenvariationen gekennzeichnet. Wenn W. von E. Doering [7] nach der Einführung der Gaschromatographie (1952) noch glauben konnte, daß der „chemical heaven" nun nahe sei, ist inzwischen deutlich geworden, wie unverzichtbar für die Leistungsfähigkeit eines analytischen Labors mit unterschiedlichen Aufgabenstellungen die *komplementäre* Anwendung unterschiedlicher instrumentell-analytischer Techniken ist.

Um aus einem größeren Methodenensemble für eine spezielle analytische Problemstellung die „Methode der Wahl" auswählen zu können, muß der Analytiker bestimmte Basismerkmale der einzelnen Methoden kennen:

(1) Anwendungsbereich,
(2) Vorteile/Nachteile gegenüber anderen Methoden, die grundsätzlich ebenfalls die gewünschte Art der Information liefern können und schließlich
(3) ob es sich um eine „Serienmethode" oder eine „Sondermethode" handelt.

Für eine Serienmethode wird man im allgemeinen fordern müssen, daß der für ihre Durchführung erforderliche Zeitaufwand gering ist, keine hohen Anforderungen an den Ausbildungsstand des Operators gestellt werden und die verwendete Instrumentation wenig störanfällig ist. Eine Sondermethode kann man dadurch definieren, daß alle diese Einschränkungen entfallen.

Die *Anwendung* der Fluorimetrie setzt voraus, daß die zu untersuchende Substanz eine inhärente meßbare Fluoreszenz aufweist oder durch geeignete Maßnahmen, zum Beispiel Derivatisierung, fluoreszenzfähig gemacht werden kann. Tatsächlich ist die Zahl der organischen und anorganischen Verbindungen mit inhärenter meßbarer Fluoreszenz sehr viel geringer als die Zahl der nicht-fluoreszierenden Verbindungen. Um die spezifischen Vorteile der Fluorimetrie nutzen zu können, gewinnen die Methoden der „Fluoreszenzmarkierung" (Derivatisierung) daher zunehmend an Bedeutung, zum Beispiel in der Biochemie und in der klinischen Chemie.

Vergleicht man instrumentell-analytische Methoden hinsichtlich ihrer *Vor- und Nachteile*, so ergibt sich, daß im allgemeinen chromatographische Methoden (Gaschromatographie, Hochdruck-Flüssigkeits-Chromatographie usw.) für die quantitative Analyse komplexer Stoffgemische vorteilhafter sind als spektroskopische Methoden, während letztere unverzichtbar für die Identifizierung von Verbindungen und in der Konstitutionsaufklärung sind. In mancher Hinsicht ist die Fluorimetrie eine Ausnahme von der Regel:

(1) Wegen ihrer hohen Selektivität ist sie bei vielen Problemstellungen chromatographischen Trennverfahren überlegen.

(2) Andererseits ist sie nur in speziellen Fällen in der Konstitutionsaufklärung von Nutzen.

„Exclusive" Anwendungen findet die Fluorimetrie häufig bei analytischen Problemstellungen, bei denen extreme Nachweisempfindlichkeiten gefordert werden.

Grundsätzlich kann die Fluorimetrie als *Serien- oder Sondermethode* eingesetzt werden, was jeweils von der analytischen Problemstellung abhängt. Der vielfältige Einsatz der Fluorimetrie in der klinischen Praxis ist ein gutes Beispiel für ihre Verwendung als Serienmethode.

Spezifische Merkmale der Fluorimetrie sind unter anderem, daß ihre Anwendung nicht mit einer thermischen Belastung der Probe verbunden ist und daß sie mit kleinsten Proben, zum Beispiel unter dem Mikroskop (Mikrospektrofluorimetrie [8]), durchgeführt werden kann. Beide Merkmale machen die Fluorimetrie besonders geeignet zur Untersuchung von biologischem Material.

Einen Eindruck von der Bedeutung der Fluoreszenzspektroskopie und ihrer analytischen Anwendung vermittelt die Zahl der Publikationen auf diesem Gebiet: In dem von Passwater [9] herausgegebenen „Guide to Fluorescence Literature" (1967, 1970, 1974) sind 15000 Arbeiten zitiert.

Literatur zu Kapitel I

Im Text zitierte Arbeiten:

1. Kuhn, Th. S.: Die Entstehung des Neuen — Studien zur Struktur der Wissenschaftsgeschichte. Frankfurt am Main: Suhrkamp 1977
2. Monardes, N.: zitiert bei Boyle, R., Experimente et considerationes de coloribus P III, Exp. X Genevee *1680*, Seite 78
3. Herschel, I.: Philos. Trans. Roy. Soc. London *147*, 143 (1845)
4. Stokes G. G.: Philos. Trans. Roy. Soc. London *142*, 463 (1852)
5. Bowman, R. L.: Fluorescence News *8*, No. 1, 1 (1974)
6. Förster, Th.: Fluoreszenz organischer Verbindungen. Göttingen: Vandenhoek & Ruprecht 1951
7. Siehe Bayer, E.: Gaschromatographie. Berlin–Göttingen–Heidelberg: Springer-Verlag 1959
8. Thaer, A. A., Sernetz, M. (ed.): Fluorescence Techniques in Cell Biology. New York: Springer-Verlag 1973
9. Passwater, R. A.: Guide fo Fluorescence Literature. New York: Plenum Press 1967, 1970, 1974

Kapitel II

Theoretische Grundlagen der Lumineszenz organischer Moleküle

A. Elektronisch angeregte Moleküle

Wechselwirken „freie" Elektronen (d.h. Elektronen, die keinen Quantenbedingungen unterliegen) mit Photonen der Energie $E = h\nu_m$, so nimmt die (kinetische) Energie E_e der Elektronen zu und die Energie der Photonen ab (Compton-Effekt):

$$h\nu_m - \Delta E_e = h\nu_n; \qquad \nu_m > \nu_n. \tag{1}$$

Führt man das gleiche Experiment mit Valenzelektronen von Atomen durch, so erhält man ein anderes Ergebnis. Da die Elektronen sich nun unter Quantenbedingungen befinden, d.h., ihre Energie sich nur um bestimmte (für das jeweilige Element charakteristische) Beträge ändern kann, findet jetzt eine Wechselwirkung der Elektronen nur mit solchen Photonen statt, deren Energie exakt einem dieser Beträge entspricht:

$$h\nu_m - \Delta E_e = 0. \tag{2}$$

In diesem Fall wird die Energie des Photons Null, d.h., es wird „absorbiert".

Die Energiezustände des Elektrons stellt man in einem Termschema dar (Abb. II.1a) und den Vorgang der Absorption des Photons durch einen Pfeil vom Term niedrigerer Energie zum Term höherer Energie. — Der Absorptionsübergang wird als eine einzige „Linie" sehr kleiner Halbwertsbreite beobachtet.

Im einfachsten, d.h. aus zwei Atomen bestehenden Molekül kann die Schwingungsbewegung der Atome in der Bindungsrichtung und die mit dieser Schwingungsbewegung verbundene Energie $E_{\tilde{\nu}}$ nicht vernachlässigt werden; sie addiert sich zur elektronischen Energie E_e. Im Gegensatz zum Atom mit rein elektronischen Termen (Abb. II.1a) liegen im Molekül „vibronische Terme" vor mit der Energie:

$$E_t = E_e + (m + 1/2) E_{\tilde{\nu}}. \tag{3}$$

Die Schwingungsquantenzahl m kann Beträge $m = 0, 1, 2, \ldots$ annehmen. $E_{\tilde{\nu}}$ liegt in Größenordnungen von 10^2 bis $10^3 \mathrm{\,cm^{-1}}$, das entspricht approximativ 1 bis 10% von E_e.

In Abb. II.1b ist das Termschema eines Moleküls mit einem „Grundzustand" der elektronischen Energie E_e und einem „Anregungszustand" der elektronischen Energie E_e' dargestellt; rechts sind die Schwingungsquantenzahlen m, links die Energien E_t der vibronischen Zustände angegeben.

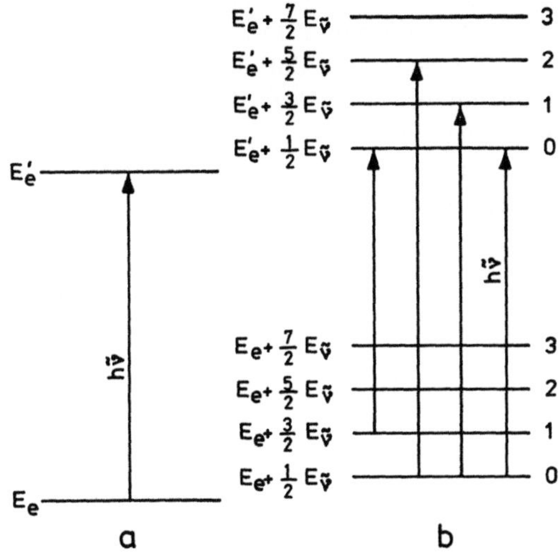

Abb. II.1. Elektronische Anregung in einem Atom (a) und Molekül (b). In b sind rechts die Schwingungsquantenzahlen m und links die Energien der vibronischen Terme (Gl. (3)) angegeben. Es wurde der Fall angenommen, daß die elektronischen Energien E_e resp. E'_e im verglichenen Atom und Molekül identisch sind

Die Wechselwirkung von Photonen mit den Elektronen des Moleküls führt nun zu einem anderen Ergebnis als bei den entsprechenden Experimenten mit freien Elektronen oder den Valenzelektronen von Atomen. Während der mit Photonen induzierte Übergang vom Grundzustand mit der elektronischen Energie E_e zum Anregungszustand mit der elektronischen Energie E'_e im Atomexperiment eine einzige Absorptionslinie liefert, erhält man im Molekülexperiment ein Spektrum, das aus mehreren Signalen besteht, die den Übergängen aus den einzelnen vibronischen Termen des Grundzustandes in die vibronischen Terme des Anregungszustandes entsprechen (Abb. II.1 b). — Analoge Verhältnisse liegen bei vielatomigen Molekülen vor.

Absorptionsspektren von Atomen und Molekülen unterscheiden sich noch in anderer Hinsicht: In Atomspektren sind die Signale scharfe Linien, in Molekülspektren „Banden" mit einer approximativen Halbwertsbreite von 300 cm^{-1}. Bei Molekülen in der Gasphase ist die Verbreiterung der Signale darauf zurückzuführen, daß die Moleküle Rotationsbewegungen ausführen, die ebenfalls gequantelt sind, wobei die Energiedifferenz ΔE_r zwischen zwei Rotationszuständen in der Größenordnung von 10 cm^{-1} liegt. Diese Rotationsfeinstruktur der Banden ist im allgemeinen (wegen begrenzter „Auflösung" der Spektralphotometer) nicht beobachtbar. Bei Molekülen in Lösung stellt man eine weitere Verbreiterung der Banden fest, die aus zusätzlichen energetischen Freiheitsgraden (bedingt durch Wechselwirkungen zwischen gelöstem Molekül und Lösungsmittel) resultiert.

In Abb. II.2 sind für zweiatomige Moleküle „Potentialkurven", das ist die Gesamtenergie E_t der Moleküle als Funktion der Atomabstände r (Kernabstände), sowie die Schwingungswellenfunktionen der Terme wiedergegeben. Die Häufigkeit (Wahrscheinlichkeit) eines durch Photonen induzierten Übergangs aus einem vibronischen Term des Grundzustandes in einen vibronischen Term des Anregungszustandes ist um so größer, je besser sich die entsprechenden Wellenfunktionen „überlappen". Für den Fall gleicher Potentialkurven im Grund- und Anregungszustand (Abb. II.2a) und unter Berücksichtigung des Franck-Condon-Prinzips, wonach sich während des Übergangs die Kernkonfiguration nicht ändert, also nur „vertikale Übergänge" stattfinden, ergibt sich dann, daß der „0–0-Übergang" ($m = m' = 0$) gegenüber Übergängen für andere m, m' bevorzugt sein sollte. — Für die in Abb. II.2b dargestellte Situation ist der 0–2-Übergang ($m = 0$, $m' = 2$) wegen besserer Überlappung der Wellenfunktionen gegenüber dem 0–0-Übergang begünstigt. Auf dieser Basis läßt sich die vibronische Struktur von Bandensystemen qualitativ interpretieren und für nicht zu komplizierte Moleküle berechnen.

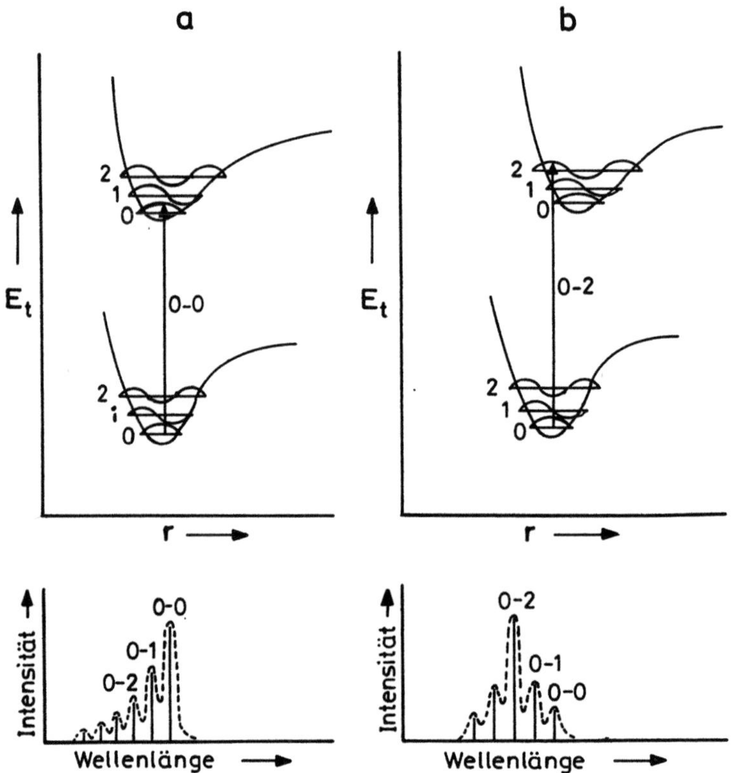

Abb. II.2. Potentialkurven zwei-atomiger Moleküle (oben) und die entsprechenden vibronischen Strukturen der Franck-Condon-Absorptionsübergänge (unten). Die ausgezogenen Linien in den Spektren markieren die vibronischen Übergänge, die umhüllenden Kurven die durch Rotationsterme verbreiterten Banden (nach R. S. Becker, Theory and Interpretation of Fluorescence and Phosphorescence. London: Wiley-Interscience 1969)

Die Energien der Elektronen in einem Atom hängen von Quantenzahlen ab. Das gleiche gilt für die Elektronen in einem Molekül. Dies läßt sich besonders einfach am Beispiel des „Kastenmodells" für π-Elektronensysteme demonstrieren.

Für die Energien der π-Elektronen, zum Beispiel eines Polyens ergibt sich:

$$E_n = \frac{h^2}{8mL^2} n^2. \tag{4}$$

Hierbei bedeuten L die „Länge" des Polyens ($=$ C$-$C-Bindungsabstand $\times$ Zahl der C$-$C-Bindungen) und n eine Quantenzahl, die die Werte 1, 2, 3, ... annehmen kann. Die nach Gl. (4) für $1,3,5$-Hexatrien berechneten Energien der π-Elektronen sind in Abb. II.3a als Energieschema wiedergegeben. (Häufig wird eine derartige Darstellung als „Orbitalschema" bezeichnet, tatsächlich werden aber nicht „Orbitale", d.h. Ein-Elektronen-Wellenfunktionen, sondern deren „Eigenwerte" (Energien) dargestellt.) — Für jedes π-Elektronensystem mit n π-Elektronen existieren n π-Orbitale[1]. Ferner muß für ein derartiges System im Grundzustand die Summe der Spin-Quantenzahlen Null sein. Da in der hier verwendeten Näherung die Eigenwerte der Wellenfunktionen nur von *einer* Quantenzahl n abhängen, folgt aus dem Pauli-Prinzip, wonach alle Elektronen eines Atoms oder Moleküls sich hinsichtlich der Kombination ihrer Quantenzahlen unterscheiden müssen, daß die Wellenfunktionen maximal mit zwei π-Elektronen anti-parallelen Spins „besetzt" sein können. Mit dieser maximal möglichen Besetzung für alle Orbitale ergibt sich zugleich die stabilste „Elektronenkonfiguration" des Systems, wie sie für Hexatrien in Abb. II.3b wiedergegeben ist.

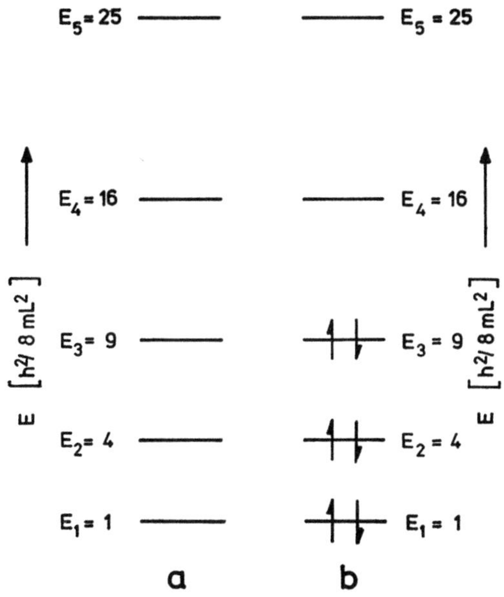

Abb. II.3. Orbitale von Hexatrien im Kastenmodell (a) und die stabilste Elektronenkonfiguration des Kohlenwasserstoffs (b). Die Orbitalenergien sind in Einheiten ($h^2/8\,mL^2$) angegeben

---

[1] Diese Aussage kann nicht dem „Kastenmodell" entnommen werden, sondern ergibt sich z.B. aus dem Hückel-Molecular-Orbital-Verfahren.

Im Grundzustand des Hexatriens ist die Energie jedes π-Elektrons kleiner als die des $2p_z$-Elektrons des Kohlenstoffatoms: alle Elektronen befinden sich in „bindenden" Orbitalen. Die im Grundzustand des Hexatriens unbesetzten sind „antibindende" Orbitale[1]. Die Überführung eines Elektrons aus einem bindenden in ein anti-bindendes Orbital destabilisiert das System (macht es energiereicher), da die Energie eines Elektrons in einem anti-bindenden Orbital größer ist als die des Kohlenstoff-$2p_z$-Elektrons.

Zur Überführung eines Elektrons aus einem bindenden in ein anti-bindendes Orbital ist Energie erforderlich. Sie kann vom System durch Absorption eines Photons aufgenommen werden, wenn dessen Energie gleich der Energiedifferenz der beiden Orbitale ist. Formal entspricht diese Betrachtung der eingangs durchgeführten mit Grund- und Anregungszuständen, aber es wurde jetzt der Übergang eines Moleküls aus seinem Grundzustand in einen Anregungszustand (durch Photonenabsorption) auf den Übergang eines Elektrons aus einem Orbital niedrigerer Energie in ein Orbital höherer Energie zurückgeführt. Quantitativ identisch sind beide Betrachtungsweisen, wenn die Energiedifferenz zwischen Grund- und Anregungszustand nur durch die Energiedifferenz der Orbitale, zwischen denen der Elektronenübergang stattfindet, gegeben ist. Tatsächlich ist diese Bedingung jedoch nur näherungsweise erfüllt, da die Elektronenabstoßung im Grund- und Anregungszustand und die aus dieser resultierenden Beiträge zu den Gesamtenergien verschieden sind. Die am Beispiel des Hexatriens durchgeführten Betrachtungen können in qualitativ gleicher Weise auf alle Arten organischer Moleküle angewandt werden.

Bisher wurde die Frage offen gelassen, ob sich Anregungszustände organischer Moleküle außer durch ihre Energien und Potentialkurven noch in anderer Hinsicht unterscheiden können. In den Anregungszuständen organischer Moleküle sind jeweils zwei Orbitale nur einfach besetzt. Da sich die Elektronen auf den einfach besetzten Orbitalen in ihrer Bahn-Quantenzahl unterscheiden, unterliegen sie keiner Restriktion hinsichtlich ihrer Spin-Quantenzahlen (Pauli-Prinzip). Das bedeutet, daß die Elektronen in den einfach besetzten Orbitalen entgegengesetzten oder gleichen Spin haben können. Im ersten Fall resultiert ein Anregungszustand mit dem Gesamtspinmoment $S = 0$ und der „Multiplizität" $M = 2S + 1 = 1$, d.h. ein Singlettzustand, im zweiten Fall ein Anregungszustand mit $S = 1$, $M = 3$, d.h. ein Triplettzustand. Beide Zustände unterscheiden sich in ihrer Energie, was aus der hier durchgeführten einfachen Betrachtung allerdings nicht ableitbar ist. Entsprechend der Hundschen Regel hat der Zustand höherer Multiplizität (Triplett) geringere Energie als der Zustand niedrigerer Multiplizität (Singlett).

Bisher wurden nur π-Orbitale betrachtet; die Übergänge zwischen ihnen bezeichnet man als „π, π^*-Übergänge". — Grundsätzlich sind auch Elektronenübergänge denkbar, an denen σ-Elektronen beteiligt sind. Doch da die σ-Orbitale relativ zu den π-Orbitalen sehr „niedrig" liegen, erfordert der Übergang eines Elektrons aus einem σ-Orbital in ein anti-bindendes π-Orbital („σ, π^*-Übergang") hohe Anregungsenergien.

Bei allen Elementen mit mehr als 4 Valenzelektronen ist mindestens 1 Orbital mit 2 Elektronen anti-parallelen Spins besetzt. Sofern diese Elektronen in einem Molekül nicht in Bindungen beansprucht sind, liegen sie als „einsame Elektronenpaare" in „n-Orbitalen" des Moleküls vor. Der Übergang eines Elektrons aus einem n-Orbital in ein anti-bindendes π-Orbital („n, π^*-Übergang") erfordert im allgemeinen keine hohen Energien. Zwar in energetischer Hinsicht vergleichbar, unterscheiden sich n, π^*- von π, π^*-Übergängen in vielen anderen Eigenschaften. Sie treten im allgemeinen mit geringerer Intensität auf und ihre Energie ist stärker von der Polarität des Lösungsmittels abhängig.

Obschon Moleküle im Anregungszustand meist polarer als im Grundzustand sind, gibt es nur wenige Verbindungen, deren Anregungszustände durch eine weitgehende oder vollständige Ladungstrennung (Lokalisierung eines Elektrons und einer positiven Ladung an getrennten Zentren des Moleküls) gekennzeichnet sind. Derartige Anregungszustände, die man als „intramolekulare Charge-Transfer-Zustände" (ICT-Zustände) bezeichnet, unterscheiden sich in vieler Hinsicht von anderen Anregungszuständen.

Die Absorptionsspektren von Atomen bestehen aus einer großen Zahl von Linien. Dies ist, da jedes physikalische System nur einen Zustand niedrigster Energie, d.h. nur einen „Grundzustand" hat, auf die Existenz zahlreicher (elektronischer) Anregungszustände zurückzuführen. Quantenmechanische Rechnungen ergeben für Moleküle eine ganz ähnliche Situation: auch Moleküle weisen mehrere Anregungszustände auf, die sich durch ihre elektronische Energie E'_e (Gl. (3)) unterscheiden.

Häufig ergeben die Rechnungen für Moleküle eine größere Zahl von Anregungszuständen als experimentell (spektroskopisch) nachgewiesen werden. Diese Diskrepanz ist jedoch nur zum Teil in Restriktionen der Rechnungen und/oder der Experimente begründet: Für die Wechselwirkung von elektromagnetischer Strahlung (Licht) mit Molekülen müssen drei Voraussetzungen erfüllt sein: (1) Die Energie der elektromagnetischen Strahlung, des Grundzustandes und dès Anregungszustandes müssen die „Frequenzbedingung" (Gl. (2)) erfüllen. (2) Die Wahrscheinlichkeit, ein Elektron „zwischen" dem „Start-Orbital" Φ_1 und dem „Ziel-Orbital" Φ_2 zu finden, d.h. aber das Produkt $\Phi_1\Phi_2$, muß einen endlichen Wert haben (die Orbitale müssen sich „überlappen"). (3) Eine Wechselwirkung der Elektronen mit elektromagnetischer Strahlung (dem elektrischen Vektor der Strahlung) erfolgt nur, wenn sie zu einer Änderung der Ladungsverteilung im Molekül führt, d.h., der Dipolmomentvektor x von Null verschieden ist. Zusammenfassend ergibt sich, daß die Erfüllung der Frequenzbedingung (Gl. (2)) zwar notwendig, aber nicht hinreichend für die Wechselwirkung von elektromagnetischer Strahlung mit Molekülen ist, sondern daß diese Wechselwirkung nur stattfindet, wenn das Integral

$$\int_{-\infty}^{\infty} \Phi_1\Phi_2 x \, d\tau \tag{5}$$

(wobei $d\tau$ das Volumenelement im Konfigurationsraum bedeutet) einen endlichen Betrag hat. Der obige Ausdruck, das sogenannte „Übergangsmomentintegral" M, ist ein Maß für die Häufigkeit (Wahrscheinlichkeit) eines Elektronenübergangs zwischen zwei Orbitalen. Es ergibt sich dann sofort, daß Übergänge vom Grundzustand eines Moleküls in unterschiedliche Anregungszustände mit unterschiedlicher Wahrscheinlichkeit erfolgen können, da das Integral $\int \Phi_1\Phi_2 \, d\tau$ von den Eigenschaften des Anregungszustandes abhängt. Ferner ergibt sich, daß Übergänge wegen des vektoriellen Charakters von M bezüglich der Molekülkoordinaten fixiert („polarisiert") sind, d.h. zum Beispiel, daß bestimmte Übergänge parallel, andere senkrecht zur langen Molekülachse oder auch senkrecht zur Molekülebene erfolgen. Anschaulich bedeutet dies, daß man sich in den Molekülen hinsichtlich ihrer Vektorrichtung fixierte kleine Dipole vorstellt, die mit dem Strahlungsfeld wechselwirken.

Bisher wurde explicit nur der Fall betrachtet, daß in einem „Elementarakt" der Wechselwirkung von Molekülen mit elektromagnetischer Strahlung jedes Molekül nur mit *einem* Photon wechselwirkt. Tatsächlich ist experimentell auch die gleichzeitige Wechselwirkung eines Moleküls mit 2 oder mehr Photonen gleicher oder unterschiedlicher Energie verifizierbar. Voraussetzung ist eine hohe Strahlungsdichte, wie sie zum Beispiel von Lasern erzeugt wird. Die Theorie von „Multiphoton"-Prozessen ist, obschon kompliziert, im Prinzip eine Erweiterung der Theorie von Einphoton-Prozessen und enthält keine gegenüber dieser völlig neuen Elemente.

Normalerweise führt die bei exothermen chemischen Reaktionen vom System abgegebene Energie nicht zu einer Besetzung von elektronischen Anregungszuständen der Moleküle. Doch gibt es von dieser Regel interessante Ausnahmen, wenn eine Reihe von Voraussetzungen hinsichtlich des Reaktionsablaufs und der energetischen Eigenschaften des Systems erfüllt sind. In solchen Fällen kann die Reaktion von einer (kalten) „Chemilumineszenz" begleitet sein.

Unter „Thermochromie" versteht man die Erscheinung, daß die Farbe (Lichtabsorption) bei einigen Verbindungen reversibel durch Zufuhr thermischer Energie geändert wird. Dies ist in der ganz überwiegenden Zahl der beobachteten Fälle darauf zurückzuführen, daß das Molekül bei unterschiedlichen Temperaturen eine unterschiedliche Konstitution und/oder Konformation hat, beides Faktoren, die die Energie von elektronischen Anregungszuständen bestimmen.

B. Desaktivierung elektronisch angeregter Moleküle durch Lichtemission

Elektronisch angeregte Moleküle sind energiereicher als Moleküle im Grundzustand. Das bedeutet aber, daß sie ihre „labile Situation" schnell verlassen und wieder in den Grundzustand zurückkehren. Die notwendige Energieabgabe kann dabei durch Lichtemission oder strahlungslos erfolgen.

Die im Kapitel II.A besprochenen Faktoren, die die Wechselwirkung zwischen Molekülen und elektromagnetischer Strahlung (Licht) bestimmen, gelten gleichermaßen für die Lichtabsorption und Lichtemission. Ist die Überlappung vom Start-Orbital Φ_1 und Ziel-Orbital Φ_2 schwach, so zeichnet sich der entsprechende Absorptionsübergang durch einen niedrigen (integralen) molaren Extinktionskoeffizienten und der Emissionsübergang durch eine vergleichsweise lange Strahlungslebensdauer aus. Beide Phänomene lassen sich unmittelbar darauf zurückführen, daß bei schwacher Überlappung der Orbitale die Elektronen in nur „wenigen" Molekülen (in der Zeiteinheit) das Orbital verlassen, das sie ursprünglich besetzten.

Mit dem Übergangsmomentintegral M (Gl. (5), Kapitel II.A) hängen die Oszillatorenstärke f als Maß für die Übergangswahrscheinlichkeit eines Absorptionsübergangs und die reziproke Strahlungslebensdauer $\dfrac{1}{\tau_0}$ als Maß für die Übergangswahrscheinlichkeit des entsprechenden Emissionsübergangs in folgender (etwas vereinfachter) Weise zusammen:

$$|M|^2 = Kf = L \, 1/\tau_0, \qquad (6)$$

wobei K und L für die jeweiligen Grund- und Anregungszustände Konstanten sind und f gegeben ist durch:

$$f = 4{,}315 \cdot 10^{-9} \int \varepsilon_{\tilde{\nu}} \, d_{\tilde{\nu}} \qquad (7)$$

($\varepsilon_{\tilde{\nu}}$ = molarer Extinktionskoeffizient).

Grundsätzlich unterscheidet man zwei Typen der Desaktivierung elektronisch angeregter Moleküle durch Lichtemission: Fluoreszenz und Phosphoreszenz. Obschon auch andere Definitionen möglich sind, gewährleisten nur die folgenden Definitionen eine einheitliche Ordnung des gesamten experimentellen Materials: Unter Fluoreszenz werden alle Emissions(Lumineszenz)übergänge verstanden, die zwischen Zuständen gleicher Multiplizität erfolgen, unter Phosphoreszenz alle Emissions(Lumineszenz)übergänge zwischen Zuständen unterschiedlicher Multiplizität. Da man es bei organischen Molekülen im allgemeinen nur mit Singlett- und Triplettzuständen (siehe Kapitel II.A) zu tun hat, sind Fluoreszenzübergänge Singlett–Singlett- oder (allerdings sehr selten) Triplett–Triplett-Übergänge, und Phosphoreszenzübergänge Singlett–Triplett-Übergänge.

Singlett–Triplett-Übergänge haben in der Regel wesentlich kleinere Übergangsmomentintegrale als Singlett–Singlett-Übergänge. Ein Resultat ist, daß die meisten Phosphoreszenzen erheblich längere Strahlungslebensdauern aufweisen als Fluoreszenzen. In der Tat basiert eine ältere Definition von Fluoreszenz und Phosphoreszenz auf diesem Unterschied. Für stark erlaubte Fluoreszenzübergänge (großes Übergangsmomentintegral) liegen die Strahlungslebensdauern in der Größenordnung von einigen Nanosekunden, während Phosphoreszenzen mit Lebensdauern von etwa 10 s bekannt sind, entsprechend einem Unterschied in den Lebensdauern von 10 Größenordnungen.

Für Moleküle im Grundzustand, die sich im thermischen Gleichgewicht bei der Temperatur T (K) befinden, ist der Anteil f_m der Moleküle, in denen vibronische Terme des Grundzustandes mit m > 0 (Gl. (3), Kapitel II.A) besetzt sind, gegeben durch:

$$f_m = \exp\left(-mE_{\tilde{\nu}}/kT\right), \qquad (8)$$

wobei k die Boltzmann-Konstante ist. Für $E_{\tilde{\nu}} \simeq 1000 \ \mathrm{cm}^{-1}$ (siehe Kapitel II.A) befinden sich bei Raumtemperatur über 99 % der Moleküle im vibronischen Term mit m = 0 und der Energie:

$$E_t = E_e + 1/2 E_{\tilde{\nu}}. \qquad (9)$$

Bei Lichtabsorption finden, wie bereits im Kapitel II.A besprochen, Übergänge vom Grundzustand mit der elektronischen Energie E_e in einen Anregungszustand mit der elektronischen Energie E'_e statt. Nimmt man näherungsweise an, daß $E_{\tilde{v}} = E'_{\tilde{v}}$ ist, so ergibt sich für die Energien der beobachteten Übergänge vom Grundzustand in vibronische Terme des Anregungszustandes mit $m' = 0, 1, 2, \ldots$:

$$\Delta E_t = (E'_e - E_e) + m' E'_{\tilde{v}}. \tag{10}$$

Unmittelbar nach der Anregung befinden sich weitaus mehr Moleküle in höheren vibronischen Termen des Anregungszustandes als der Gleichgewichtsverteilung nach Gl. (8) entspricht. In sehr kurzer Zeit (etwa 10^{-13} s) erfolgt nun eine vibronische Relaxation der angeregten Moleküle. Danach befinden sich bei Raumtemperatur wieder mehr als 99% der angeregten Moleküle im tiefsten vibronischen Zustand mit $m' = 0$ und der Energie:

$$E'_t = E'_e + 1/2 E'_{\tilde{v}}. \tag{11}$$

Die für die vollständige vibronische Relaxation notwendige Bedingung, daß die Lebensdauer der Moleküle im Anregungszustand größer ist als etwa 10^{-13} s, ist in vielen Fällen erfüllt. Die vibronisch angeregten Moleküle verlieren, wenn sie in einem Lösungsmittel vorliegen, ihre Überschußenergie durch „Stöße" an das Lösungsmittel. Daraus ergibt sich auch, daß bei einem stark verdünnten Gas in einem großen Gefäß die für die vollständige vibronische Relaxation erforderliche Zeit deutlich größer sein kann als 10^{-13} s, da unter diesen Bedingungen „Kontaktsituationen" der Gasmoleküle untereinander oder mit denen der Gefäßwände selten sind. Sieht man von diesem Fall ab, bei dem die für die vollständige vibronische Relaxation erforderliche Zeit größer sein kann als die Lebensdauer der Moleküle im Anregungszustand, wird man erwarten müssen, daß im allgemeinen die Emission aus dem tiefsten vibronischen Zustand ($m' = 0$) der angeregten Moleküle erfolgt. Die Übergänge führen in vibronische Terme des Grundzustandes und für die Übergangsenergien ergibt sich ein zu Gl. (10) analoger Ausdruck:

$$\Delta E_t = (E'_e - E_e) - m E_{\tilde{v}}. \tag{12}$$

Mit der oben eingeführten, näherungsweise zutreffenden Annahme $E_{\tilde{v}} = E'_{\tilde{v}}$ ergeben sich aus den Gl. (10) und (12) folgende Relationen zwischen Absorptions- und Emissionsspektrum: (1) Die Energie des 0–0-Übergangs ($m = m' = 0$) ist in Absorption und Emission identisch. (2) Die Energiedifferenz in Absorption und Emission korrespondierender Übergänge ($m = m'$) beträgt immer $\Delta E = 2m E_{\tilde{v}} = 2m' E'_{\tilde{v}}$, d.h., Absorptions- und Emissionsbanden liegen bezüglich des 0–0-Übergangs spiegelbildsymmetrisch zueinander. — Die Relationen zwischen Absorptions- und Emissionsspektrum sind in Abb. II.4 wiedergegeben.

Bei der vorangegangenen Diskussion wurde implicit die Annahme gemacht, daß das Franck-Condon-Prinzip (siehe Kapitel II.A) auch für Emissionsübergänge gültig ist, d.h., daß sich während der Lebensdauer der angeregten Moleküle die Kernkonfigurationen nicht ändern. Andererseits ist aber die Lebensdauer von elektronisch angeregten Molekülen viel länger als die für Änderungen der Kernkonfigurationen erforderliche Zeit, die in der Größenordnung von 10^{-12} s liegt. Tatsächlich finden in der Regel Änderungen der Kernkonfigurationen während der Lebensdauer der angeregten Moleküle statt, wenn sie sich in einem polaren Lösungsmittel befinden. Da ein Molekül im angeregten Zustand im allgemeinen ein größeres Dipolmoment μ_1 als im Grundzustand (μ_0) hat, ist die elektrostatische

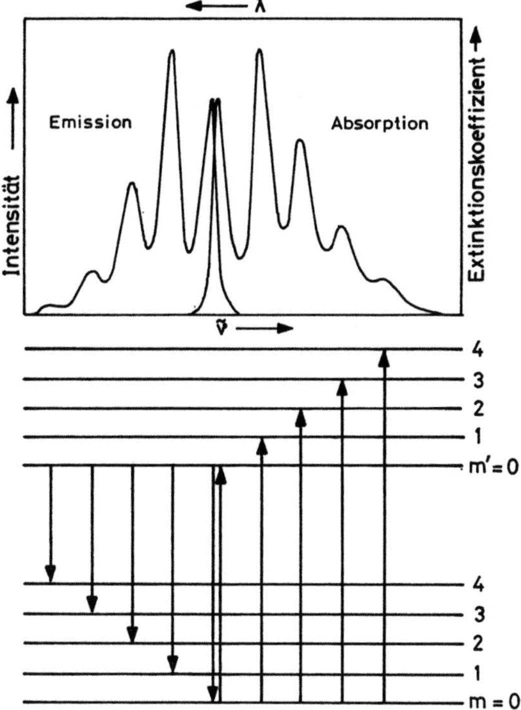

Abb. II.4. Schematische Darstellung des Zusammenhangs von Absorption und Fluoreszenz bei Molekülen. m und m' sind die Schwingungsquantenzahlen der beteiligten vibronischen Terme

Wechselwirkung mit den polaren Lösungsmittelmolekülen beim angeregten Molekül größer als beim Molekül im Grundzustand. Diese elektrostatische Wechselwirkung (Solvatation) führt nicht nur zu einer Änderung der Kernkonfiguration des angeregten Moleküls sondern auch zu einem Absinken der Energie: Das angeregte Molekül relaxiert aus dem im Absorptionsprozeß erreichten „Franck-Condon-Zustand" S_1 in einen (energieärmeren) „Gleichgewichtszustand" S_1'. Aus diesem findet der vertikale Franck-Condon-Strahlungs-Übergang in den Grundzustand S_0 des solvatisierten Moleküls statt. Da das Molekül in diesem Zustand eine höhere Energie besitzt als im Gleichgewichtsgrundzustand S_0', findet ein weiterer Relaxationsprozeß statt, der das Molekül in S_0' überführt. Die Verhältnisse sind schematisch in Abb. II.5 wiedergegeben; Strahlungsprozesse sind durch ausgezogene Linien, strahlungslose (Relaxations)prozesse durch gestrichelte Linien symbolisiert.

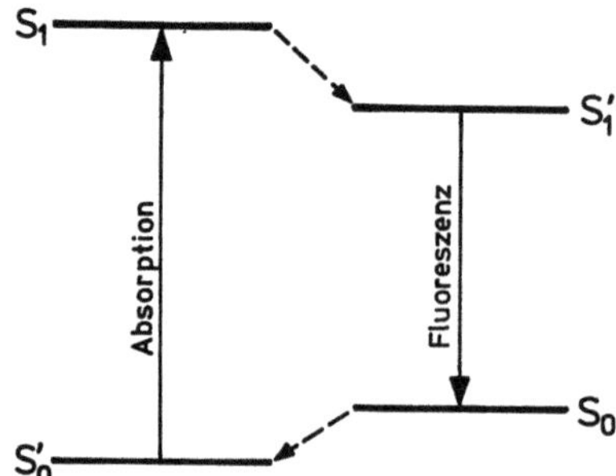

Abb. II.5. Molekulare Absorption und Fluoreszenz in einem polaren Medium. Franck-Condon-Zustände: S_1 und S_0, Gleichgewichtszustände: S_1' und S_0'. Die ausgezogenen Pfeile bezeichnen Strahlungsübergänge, die gestrichelten Pfeile strahlungslose Übergänge (Relaxationsprozesse)

Das Modell führt für die Differenz zwischen der Energie des 0–0-Übergangs von Absorption und Emission zu:

$$\Delta E_{a,e} = \frac{2(\mu_1 - \mu_0)^2}{hca^3}\left[\frac{\varepsilon - 1}{2\varepsilon + 1} - \frac{n^2 - 1}{2n^2 + 1}\right], \tag{13}$$

wobei ε die Dielektrizitätskonstante, n den Brechungsindex und a den „Wirkungsradius" des Lösungsmittels bedeuten. — Für unpolare Lösungsmittel wird $\varepsilon \simeq n^2$ und damit $\Delta E_{a,e}$ annähernd Null, d.h. in unpolaren Lösungsmitteln ist die oben unter vereinfachenden Annahmen gewonnene Aussage, daß der 0–0-Übergang in Absorption und Emission die gleiche Energie hat, näherungsweise zutreffend.

Außer der Energie des 0–0-Übergangs ändert ein polares Lösungsmittel auch die vibronische Struktur von Emissionsspektren gegenüber den Spektren in einem inerten Medium oder in der Gasphase. Wenn das Spektrum bei Abwesenheit von Wechselwirkungen der emittierenden Moleküle mit der Umgebung Schwingungsstruktur (experimentell beobachtbare einzelne Banden) aufweist, wird diese durch die Wechselwirkung der Moleküle mit der Umgebung im allgemeinen geändert:

(1) Die Banden werden breiter.

(2) Die Abstände (in cm^{-1}) zwischen den einzelnen Banden können sich ändern.

(3) Die relative Intensitätsverteilung im Bandensystem, das „Franck-Condon-Muster", kann wechseln, worin sich Einflüsse der Umgebung auf die vibronischen Wellenfunktionen im Gleichgewichts-Anregungszustand und Franck-Condon-Grundzustand (Abb. II.5) ausdrücken.

Fluorierte gesättigte Kohlenwasserstoffe sind die relativ am besten geeigneten Lösungsmittel zur Untersuchung von Emissionsspektren organischer Moleküle in Lösung bei Abwesenheit von Umgebungseinflüssen.

Reich strukturierte Emissionsspektren mit großer Bandenzahl sehr geringer Halbwertsbreite (2 bis 3 cm^{-1}) erhält man in n-Alkanen wie Pentan, Hexan oder Heptan bei tiefer Temperatur. Die in der festen Matrix vorliegenden emittierenden Moleküle geben vor allem dann hoch strukturierte Spektren, wenn die Länge der Hauptachse des Moleküls mit der Länge des n-Alkans annähernd übereinstimmt (Shpol'skii-Spektren). Häufig zeigen Shpol'skii-Spektren eine Dublett- oder Multiplett-Struktur, d.h., die Spektren bestehen aus zwei oder mehr Serien von sehr schmalen Banden, wobei die Serien um etwa 100 cm^{-1} gegeneinander verschoben sind.

C. Strahlungslose Übergänge

Ein Molekül kann ohne Lichtemission, d.h. strahlungslos aus einem Zustand mit der elektronischen Energie E_m in einen Zustand mit der elektronischen Energie E_n übergehen, wobei die Differenz $\Delta E = E_m - E_n$ positiv oder negativ sein kann. Im ersten Fall verläuft der Übergang unter Energieabgabe, im zweiten Fall nur unter Zuführung thermischer Energie.

Unabhängig von der elektronischen Energie der Zustände erfolgt ein strahlungsloser Übergang immer nur zwischen isoenergetischen vibronischen Zuständen. Im Potentialkurvenschema (Abb. II.6) ist ein strahlungsloser ein „horizontaler" Übergang im Gegensatz zum vertikalen Strahlungsübergang (siehe Kapitel II.A).

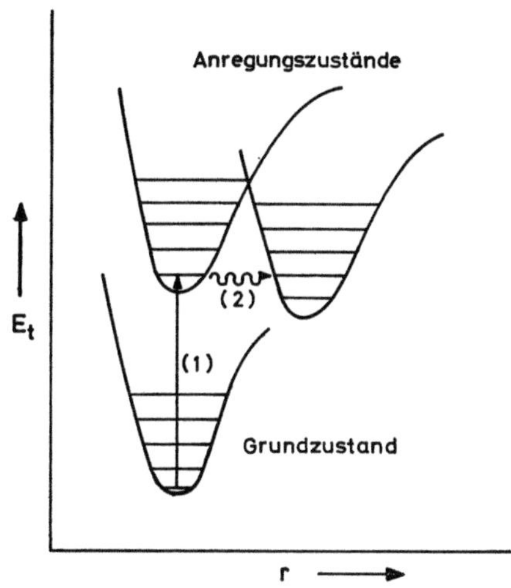

Abb. II.6. Potentialkurven eines zwei-atomigen Moleküls. Durch einen Franck-Condon-Absorptionsübergang (1) gelangt das Molekül vom Grundzustand in einen höheren elektronischen Anregungszustand und von diesem durch einen (horizontalen) strahlungslosen Übergang (2) in einen niedrigeren elektronischen Anregungszustand

Die Wahrscheinlichkeit eines strahlungslosen Übergangs wird — analog wie beim Strahlungsübergang (siehe Kapitel II.A) — um so größer sein, je besser sich die Wellenfunktionen der wechselwirkenden Zustände „überlappen", wobei es zunächst nur die Schwingungswellenfunktionen sind, die betrachtet werden müssen. Das die Wahrscheinlichkeit eines strahlungslosen Übergangs bestimmende Integral (Schwingungs-Überlappungsintegral) ist

$$\int \chi_1 \chi_2 \, dq, \tag{14}$$

wobei $\chi_{1,2}$ die Schwingungswellenfunktion der beiden Elektronenzustände sind und sich die Integration über alle Kernschwingungskoordinaten q erstreckt.

Ausgehend von dem voranstehend skizzierten Ansatz und unter Berücksichtigung, daß bei der Behandlung strahlungsloser Übergänge die Born-Oppenheimer-Näherung (das ist die unabhängige Behandlung von elektronischer und Schwingungs-Wellenfunktion eines Zustandes) verlassen werden muß, erhält man für die

Geschwindigkeitskonstante eines strahlungslosen Übergangs den Ausdruck:

$$k_{n,m} = PC_{n,m}\hat{F}. \tag{15}$$

Hierbei bedeuten P die Zustandsdichte der Schwingungsniveaus (proportional der reziproken Breite eines einzelnen Schwingungsniveaus), $C_{n,m}$ einen die Zustände, zwischen denen der Übergang erfolgt, charakterisierenden elektronischen Faktor und $\hat{F}$ den sogenannten Franck-Condon-Faktor, der ein Maß für die Überlappung der Schwingungswellenfunktion des Endzustandes mit der des Ausgangszustandes darstellt (siehe Gl. (14)). Innerhalb einer Klasse von organischen Verbindungen, zum Beispiel aromatischen Kohlenwasserstoffen, kann man $PC_{n,m}$ als konstant betrachten, so daß für diesen Fall gilt:

$$k_{n,m} = \text{const } \hat{F}. \tag{16}$$

$\hat{F}$ ist näherungsweise gegeben durch:

$$\hat{F} = \text{const exp } (-\Delta E/\hbar\omega_n). \tag{17}$$

Hierbei ist ω_n proportional der Frequenz der Kernschwingung im Endzustand und ΔE die Differenz der elektronischen Energien der beiden wechselwirkenden Zustände. Macht man die weitere approximativ zulässige Annahme, daß innerhalb einer Klasse von organischen Verbindungen auch ω_n konstant ist, so erhält man in weiterer Vereinfachung:

$$k_q = a \text{ exp } (-\Delta E/b), \tag{18}$$

wobei a und b Konstanten sind.

Auf Basis der Beziehungen (15) und (18) läßt sich eine Reihe wichtiger photophysikalischer Phänomene, an denen strahlungslose Übergänge beteiligt sind, qualitativ und in einfachen Fällen auch quantitativ verstehen. Sie werden hier am Beispiel aromatischer Kohlenwasserstoffe diskutiert.

(1) Überführt man ein organisches Molekül durch Einstrahlung von Licht geeigneter Energie aus seinem Grundzustand in einen Singlett-Anregungszustand S_n (n > 1), so wird nur in Ausnahmefällen Fluoreszenz aus diesem Anregungszustand, sondern vielmehr in der Regel aus dem niedrigsten Singlett-Anregungszustand S_1 beobachtet (Vavilovs Gesetz). Offensichtlich findet aus dem optisch angeregten Zustand S_n sehr rasch ein strahlungsloser Übergang in den Zustand S_1 statt. Allgemein bezeichnet man strahlungslose Übergänge zwischen Termen gleicher Multiplizität (Singlett–Singlett- oder Triplett–Triplett-Übergänge) als internal conversion (IC). Die Übergangshäufigkeiten des S_2–S_1-IC liegen in der Größenordnung von 10^{12} s^{-1}. Grundsätzlich kann die Desaktivierung auch von S_1 außer durch Fluoreszenz durch strahlungslosen Übergang in den Grundzustand S_0 erfolgen, aber die Übergangshäufigkeiten für das S_1–S_0-IC liegen bei etwa 10^5 s^{-1}, so daß die strahlungslose Desaktivierung mit der um 2 bis 4 Größenordnungen „schnelleren" strahlenden Desaktivierung nicht konkurrieren kann. Der Unterschied in den Übergangshäufigkeiten des S_2–S_1- und S_1–S_0-IC von etwa 7 Größen-

ordnungen findet sich in den entsprechenden Franck-Condon-Faktoren $\hat{F}$ wieder (Gl. (15)) und kann unmittelbar auf den Unterschied in den Energiedifferenzen $\Delta(S_2 - S_1)$ und $\Delta(S_1 - S_0)$ zurückgeführt werden (Gl. (18)).

(2) Man kennt einige wenige Moleküle, bei denen $\Delta(S_2 - S_1) \approx \Delta(S_1 - S_0)$ ist. Azulen ist das bekannteste Beispiel ($\Delta(S_2 - S_1) = 14\,100\ \mathrm{cm^{-1}}$, $\Delta(S_1 - S_0) = 14\,200\ \mathrm{cm^{-1}}$). In derartigen Fällen haben beide IC-Prozesse annähernd gleiche Übergangshäufigkeiten, hier etwa $10^9\ \mathrm{s^{-1}}$. Beim Azulen ist das Übergangsmomentintegral des S_2-S_0-Übergangs größer als das des S_1-S_0-Übergangs. Die entsprechenden Übergangshäufigkeiten errechnen sich zu etwa $10^8\ \mathrm{s^{-1}}$ für den S_2-S_0- resp. $10^7\ \mathrm{s^{-1}}$ für den S_1-S_0-Übergang.

Die Übergangshäufigkeiten aller strahlenden und strahlungslosen Desaktivierungsprozesse sind hier vergleichbar, und in der Tat beobachtet man beim Azulen zwei Fluoreszenzen, wobei die S_2-S_0-Fluoreszenz wesentlich stärker als die S_1-S_0-Fluoreszenz auftritt.

(3) Ein Konkurrenzprozeß zur S_1-S_0-Fluoreszenz und zum S_1-S_0-IC ist der strahlungslose Übergang von S_1 in den Triplettzustand T_1 mit gegenüber S_1 generell niedrigerer Energie (siehe Kapitel II.A). Allgemein bezeichnet man strahlungslose Übergänge zwischen Termen unterschiedlicher Multiplizität (Singlett–Triplett-Übergänge) als intersystem crossing (ISC). Auch für die Übergangshäufigkeiten von ISC-Prozessen gilt Gl. (15), aber der elektronische Faktor $C_{n,m}$ ist um etwa 5 bis 6 Größenordnungen kleiner als bei IC-Prozessen und entsprechend liegen ISC-Übergangshäufigkeiten in der Größenordnung von 10^6 bis $10^7\ \mathrm{s^{-1}}$.

(4) Die strahlende Desaktivierung des T_1-Zustandes (Phosphoreszenz) tritt nur dann mit beobachtbarer Intensität auf, wenn die Energiedifferenz $\Delta(T_1 - S_0)$ größer etwa $10\,000\ \mathrm{cm^{-1}}$ ist. Anderenfalls sind die dem T_1-S_0-Übergang entsprechenden Franck-Condon-Faktoren so groß, daß die strahlungslose Desaktivierung deutlich „schneller" als die strahlende ist und Phosphoreszenz nicht beobachtet wird.

Der exponentielle Zusammenhang zwischen der Übergangshäufigkeit strahlungsloser Prozesse und der Energiedifferenz der Terme zwischen denen der Übergang stattfindet (Gl. (18)) wurde zuerst am Beispiel des T_1-S_0-ISC von aromatischen Kohlenwasserstoffen experimentell verifiziert (Abb. II.7).

Die bisher behandelten strahlungslosen Übergänge finden innerhalb eines Termsystems statt; wir bezeichnen sie als „intrachromophore" strahlungslose Übergänge. Strahlungslose Übergänge können aber auch zwischen zwei voneinander isolierten Termsystemen erfolgen. — Jedes Termsystem repräsentiert einen „Chromophor" (ein π-Elektronensystem). Die beiden Chromophore können in einem Molekül vorliegen und zum Beispiel durch eine nicht-konjugative Gruppe (mit sp^3-hybridisiertem Kohlenstoff) voneinander isoliert sein; strahlungslose Übergänge zwischen den Chromophoren sind „interchromophor". Schließlich können die beiden Chromophore durch unterschiedliche Moleküle A und B repräsentiert sein und zwischen den Molekülen können „intermolekulare" strahlungslose Übergänge erfolgen. Interchromophore und intermolekulare strahlungslose Übergänge werden als „Energieübertragung" bezeichnet. In mechanistischer

Hinsicht haben alle drei Typen strahlungsloser Übergänge viel Gemeinsames, aber bei der Energieübertragung erscheint der räumliche Abstand der Chromophore als neuer wesentlicher Parameter.

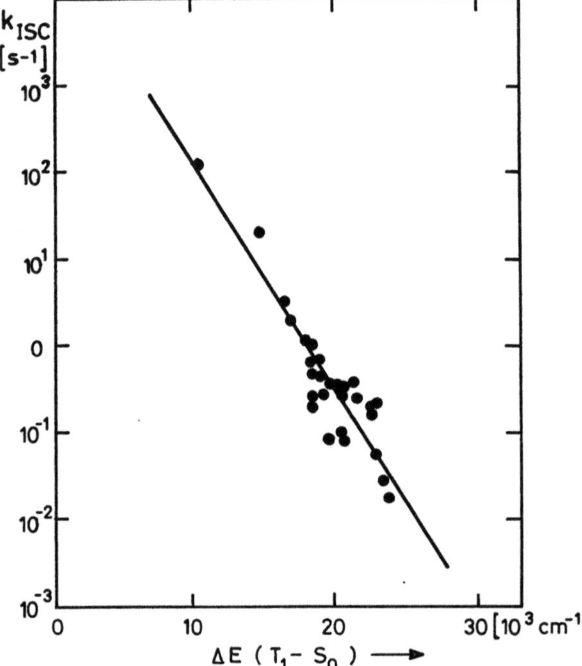

Abb. II.7. Abhängigkeit der Geschwindigkeitskonstante des T_1-S_0-intersystem crossing von der Energiedifferenz ΔE $(T_1 - S_0)$ bei polycyclischen aromatischen Kohlenwasserstoffen (nach W. Siebrand: J. Chem. Phys. *44*, 4055 (1966))

Jede Art von strahlungslosen Übergängen setzt eine Kopplung zwischen dem Ausgangs- und dem Endzustand voraus. Im Falle der Energieübertragung lassen sich Ausgangs- und Endzustand durch Wellenfunktionen

$$\psi_a(D^* + A) \qquad \text{resp.} \qquad \psi_e(D + A^*) \tag{19}$$

repräsentieren, wobei D resp. A für den Energie-Donor resp. Acceptor stehen und sich formal der gesamte Prozeß in einen Energieabgabeprozeß $D^* \to D$ und einen Energieaufnahmeprozeß $A \to A^*$ separieren läßt.

In Analogie zum intrachromophoren strahlungslosen Übergang ergibt sich für die Geschwindigkeitskonstante der Energieübertragung:

$$k_{D,A} = P_e C_{D,A} \hat{F} . \tag{20}$$

Die Symbole haben formal die gleiche Bedeutung wie in Gl. (15).

Die gesamte Wechselwirkung zwischen D^* und A ist elektrostatisch. Nimmt man reine Coulomb-Wechselwirkung an, so muß sie mit der dritten Potenz des Abstandes r der wechselwirkenden Moleküle abfallen. Für die Wechselwirkungsenergie β ergibt sich dann:

$$\beta = \text{prop.} \frac{M_D M_A}{r^3}, \tag{21}$$

wobei M_D resp. M_A die Übergangsmomentintegrale (siehe Kapitel II.A) der Prozesse $D^* \to D$ resp. $A \to A^*$ sind. Durch Quadrierung erhält man den elektronischen Faktor $C_{D,A}$ der Gl. (20), den man wegen der Verknüpfung von $|M|^2$ mit der Oszillatorstärke f resp. Lebensdauer τ von Übergängen (siehe Gl. (6), Kapitel II.B) durch observable Größen darstellen kann:

$$C_{D,A} = \beta^2 = \text{prop.} \frac{|M_D|^2 \, |M_A|^2}{r^6} = \text{prop.} \frac{1}{r^6} \frac{1}{\tau_D} f_A. \tag{22}$$

Hierbei bedeuten τ_D die Fluoreszenzlebensdauer des Donors D bei Abwesenheit des Acceptors A und f_A die Oszillatorenstärke des Absorptionsübergangs $A \to A^*$.

Analog zu intrachromophoren strahlungslosen Prozessen wird die vibronische Kopplung zwischen D^* und A mit größer werdendem Schwingungs-Überlappungsintegral (siehe Gl. (14)) zunehmen. Aber das Schwingungs-Überlappungsintegral ist jetzt eine Funktion der Schwingungswellenfunktionen von D, D^*, A und A^*. Das Produkt aus dem so definierten Schwingungs-Überlappungsintegral (Franck-Condon-Faktor $\hat{F}$ in Gl. (20)) und der Zustandsdichte P_e steht in Beziehung zum spektralen „Überlappungsintegral"

$$J = \int_0^\infty F_D(\tilde{\nu}) \, \varepsilon_A(\tilde{\nu}) \, d\tilde{\nu}, \tag{23}$$

in dem nur observable Größen enthalten sind. In Gl. (23) bedeutet $\int_0^\infty F_D(\tilde{\nu}) \, d\tilde{\nu}$ die normierte integrale Fluoreszenz von D und $\int_0^\infty \varepsilon_A(\tilde{\nu}) \, d\tilde{\nu}$ ist bis auf einen Proportionalitätsfaktor die Oszillatorenstärke f des Übergangs $A \to A^*$. Der für die Energieübertragung günstigste Fall ist gegeben, wenn J (Gl. (23)) ein Maximum hat, d.h., Donor-Fluoreszenzspektrum und Acceptor-Absorptionsspektrum sich optimal „überlappen" (ein Optimum an „Intensität" von Donor-Fluoreszenzspektrum und Acceptor-Absorptionsspektrum im gleichen Spektralbereich liegt).

Unter Berücksichtigung der diskutierten Zusammenhänge kann die in Gl. (20) gegebene Beziehung jetzt mit observablen Größen dargestellt werden (n = Brechungsindex des Lösungsmittels):

$$k_{D,A} = \text{const} \frac{1}{n^4 r^6 \tau_D} \int_0^\infty F_D(\tilde{\nu}) \, \varepsilon_A(\tilde{\nu}) \, \frac{d\tilde{\nu}}{\tilde{\nu}^4}. \tag{24}$$

Für den kritischen Abstand R_0 der Moleküle D und A, bei dem Energieübertragung und D^*-Desaktivierung durch Fluoreszenz oder andere Prozesse gleiche

Wahrscheinlichkeit haben, erhält man:

$$R_0^6 = \text{const} \frac{1}{n^4} \int\limits_0^\infty F_D(\tilde{v})\, \varepsilon_A(\tilde{v})\, \frac{dv}{\tilde{v}^4}. \qquad (25)$$

Aus der Diskussion folgt unmittelbar, daß die Geschwindigkeitskonstante einer Singlett–Singlett-Energieübertragung größer wird mit zunehmendem Überlappungsintegral J und zunehmender Konzentration von D und A in der Lösung.

Der hier diskutierte „Förster-Mechanismus" der Energieübertragung wirkt über größere Entfernungen (50 bis 100 Å), sofern die Teilprozesse $D^* \to D$ und $A \to A^*$ nicht mit einer Änderung der Multiplizität verbunden sind. Anderenfalls sind die entsprechenden Übergangsmomentintegrale klein (siehe Kapitel II.B) und damit auch der elektronische Faktor (Gl. (22)), der neben Zustandsdichte und Franck-Condon-Faktor die Geschwindigkeitskonstante der Energieübertragung bestimmt (Gl. (20)). In diesen Fällen ergeben sich in der Regel kleine R_0 (Gl. (25)) und damit werden andere Mechanismen der Energieübertragung wirksam.

Bisher wurde nur der Fall betrachtet, daß der Donor in einem elektronisch angeregten Zustand und der Acceptor in seinem Grundzustand vorliegt. Grundsätzlich ist Energieübertragung auch möglich von einem elektronisch angeregten Donor auf einen elektronisch angeregten Acceptor. Die entsprechenden Teilprozesse sind dann: $D^* \to D$ und $A^* \to A^{**}$. Der Acceptor gelangt in einen gegenüber seinem Ausgangszustand energetisch höheren Elektronenzustand. Da jetzt die Energieübertragung mit der Desaktivierung sowohl von D^* wie A^* durch andere Prozesse konkurrieren muß, wird sie am ehesten dann auftreten, wenn D^* und A^* lange Lebensdauern besitzen. Das ist bei Molekülen im Triplettzustand der Fall (siehe Kapitel II.B). D^* und A^* können schließlich identische Spezies sein. Die Wechselwirkung von zwei Molekülen in ihrem niedrigsten Triplettzustand ($^3M^*$) nach

$$^3M^* + {}^3M^* \to {}^1M + {}^1M^{**}, \qquad (26)$$

wobei der Donor in seinen Grundzustand (^1M) und der Acceptor in einen höheren Singlettanregungszustand ($^1M^{**}$) übergeht, ist ein häufig beobachtetes Phänomen (Triplett–Triplett-Annihilation). $^1M^{**}$ erfährt in der Regel IC in den S_1-Zustand, der seine Energie durch Fluoreszenzemission verlieren kann. Das Spektrum dieser Fluoreszenz ist mit dem der optisch angeregten identisch, aber wegen der Beteiligung der langlebigen Triplett-Zustände am Fluoreszenzanregungsmechanismus weist sie eine gegenüber der normalen („prompten") Fluoreszenz wesentlich längere Lebensdauer auf. Das Phänomen dieser „verzögerten" Fluoreszenz ist zuerst am Beispiel des Pyrens eingehend untersucht worden; man bezeichnet es daher als „P-Typ-verzögerte" Fluoreszenz.

D. Die kinetische Beschreibung photophysikalischer Prozesse

In formaler Hinsicht ist die kinetische Beschreibung chemischer Reaktionen und photophysikalischer Prozesse identisch. In beiden Fällen betrachtet man „Geschwindigkeiten" von Vorgängen, die durch „Geschwindigkeitskonstanten" charakterisiert sind und „Zeitgesetze", für die man „Ordnungen" angeben kann. Unimolekulare Prozesse in der photophysikalischen Kinetik entsprechen formal zum Beispiel innermolekularen Umlagerungen in der chemischen Kinetik, wobei die „Spezies" der chemischen Kinetik Moleküle unterschiedlicher Struktur, Konformation, Energie usw. sind und die der photophysikalischen Kinetik Moleküle in unterschiedlichen elektronischen Anregungszuständen. Wie in der chemischen Kinetik kennt man auch in der photophysikalischen Kinetik bi- und höhermolekulare Prozesse. Die im Kapitel II.C besprochene Triplett–Triplett-Annihilation ist ein Beispiel.

Die kinetische Beschreibung photophysikalischer Prozesse ist zum Verständnis und zur Planung von Experimenten aus mehreren Gründen von großem Wert:

(1) Die Größenordnungen der Geschwindigkeitskonstanten photophysikalischer Prozesse sind vor allem „prozeßspezifisch" und weniger „substanzspezifisch". Wo „Strukturabhängigkeiten" bestehen, ist das im allgemeinen experimentell leicht zugängliche Termschema die geeignete Sonde zu ihrer Erkennung.

(2) Die Kinetik photophysikalischer Prozesse wird wesentlich durch die Eigenschaften der beteiligten Molekülorbitale bestimmt. Ihren Eigenschaften entsprechend kann man „Orbital-Typen" definieren (siehe auch Kapitel II.A), die in unterschiedlichen Molekülen das photophysikalische Geschehen in approximativ gleicher Weise bestimmen. Dieser Umstand ermöglicht viele Analogieschlüsse.

(3) Die „Mathematisierung" kinetischer Betrachtungen in der Photophysik ist außerordentlich einfach und fördert hier das „anschauliche Verständnis" der physikalischen Grundlagen.

Bei unimolekularen photophysikalischen Desaktivierungsprozessen ist die Wahrscheinlichkeit, daß ein angeregtes Molekül Y' (= ein Molekül im Zustand Y') in ein Molekül Y (= ein Molekül im Zustand Y)[1] niedrigerer Energie übergeht unabhängig von der Anwesenheit der übrigen angeregten Moleküle. Das heißt, zu jeder Zeit t ist die Zahl der Moleküle, die den Desaktivierungsschritt in der Zeiteinheit (Sekunde) durchlaufen, proportional der Zahl der anwesenden Moleküle Y' zur Zeit t:

$$-\frac{d[Y']}{dt} = k_{Y',Y}\,[Y']. \tag{27}$$

$k_{Y',Y}$ ist die Geschwindigkeitskonstante (s^{-1}) dieses Prozesses mit der Ordnung 1.
Integration von Gl. (27) liefert:

$$[Y'] = [Y'_0]\exp\left(-k_{Y',Y}t\right). \tag{28}$$

Die „mittlere Lebensdauer" $\tau_{Y'}$ (s) des Zustandes Y' ist definiert als die Zeit, in der sich die Zahl (in der Volumeneinheit) der am Beginn des Desaktivierungs-

---

[1] „Moleküle Y, Y'" und „(Molekül)zustände Y, Y'" werden im folgenden synonym verwendet.

prozesses im Zustand Y' befindlichen Moleküle auf $1/e$ verringert:

$$\tau_{Y'} = \frac{1}{k_{Y'Y}}.$$
(29)

In der Regel erfolgt die unimolekulare Desaktivierung angeregter Moleküle nicht über einen einzigen Desaktivierungskanal sondern über mehrere, wobei (1) die einzelnen Desaktivierungsprozesse unabhängig voneinander ablaufen, (2) jeder Desaktivierungsprozeß für sich von der 1. Ordnung ist und (3) jeder der einzelnen Desaktivierungsprozesse durch eine unabhängige Geschwindigkeitskonstante charakterisiert ist.

Finden neben der oben betrachteten Desaktivierung $Y' \rightarrow Y$ mit $k_{Y',Y}$ noch weitere Desaktivierungsprozesse von Y' statt (die zum Beispiel in andere Anregungszustände führen, strahlend oder strahlungslos sein können) und deren Geschwindigkeitskonstanten k_m, k_n, ... sind, so gilt jetzt für die Desaktivierung von Y':

$$-\frac{d[Y']}{dt} = k_{Y',Y}[Y'] + k_m[Y'] + k_n[Y'] + \dots$$
(30)

Durch Integration von Gl. (30) erhält man:

$$[Y'] = [Y'_0] \exp - (k_{Y',Y} + k_m + k_n + \dots)\, t.$$
(31)

$\tau_{Y'}$ ist dann gegeben durch:

$$\tau_{Y'} = (k_{Y',Y} + k_m + k_n + \dots)^{-1}.$$
(32)

An der Desaktivierung der Moleküle im Zustand Y' kann auch eine zweite Spezies Q beteiligt sein, die in ihrem Grundzustand oder ebenfalls in einem Anregungszustand vorliegt. Mit der Annahme, daß Q im Desaktivierungsprozeß von Y' ihren Zustand nicht ändert, ergibt sich der bimolekulare Prozeß:

$$Y' + Q \rightarrow Y + Q.$$
(33)

Die Desaktivierung von Y' möge ausschließlich durch den Prozeß entsprechend Gl. (33) erfolgen. Dann erhält man für die Desaktivierung von Y' das Zeitgesetz:

$$-\frac{d[Y']}{dt} = k_Q[Y']\,[Q].$$
(34)

Integration von Gl. (34) liefert:

$$[Y'] = [Y'_0] \exp (-k_Q[Q]t).$$
(35)

Die mittlere Lebensdauer von Y' ist jetzt:

$$\tau_{Y'} = (k_Q[Q])^{-1}.$$
(36)

Gleichung (36) geht bei Anwesenheit unterschiedlicher Spezies Q, L, M, ..., die unabhängig voneinander Y' entsprechend Gl. (33) mit Geschwindigkeitskonstanten k_Q, k_L, k_M, ... desaktivieren, in zu Gl. (30) bis (32) analoge Ausdrücke über.

Im allgemeinsten Fall sind an der Desaktivierung von Y' sowohl uni- wie bimolekulare Prozesse beteiligt. Für $\tau_{Y'}$ erhält man dann:

$$\tau_{Y'} = (k_{Y',Y} + k_m + k_n + \ldots + k_Q[Q] + k_L[L] + \ldots)^{-1}. \tag{37}$$

Den vorangegangenen Betrachtungen und abgeleiteten Gleichungen lag explicit die Annahme zugrunde, daß während der Desaktivierung keine Y'-Moleküle durch gleichzeitige Anregung von Y-Molekülen nachgebildet werden. Wir verlassen jetzt diese Einschränkung und betrachten die Verhältnisse unter „photostationären Bedingungen". Die Intensität des Anregungslichtes sei I_0 Einstein l^{-1} s^{-1} ($\triangleq I_0[Y]$ absorbierte Photonen pro Sekunde). Die zeitliche Änderung der Konzentration an Y'-Molekülen hängt jetzt ab von der Zahl der in der Zeiteinheit durch Lichtabsorption erzeugten und durch Desaktivierung vernichteten Y'-Moleküle, wobei die Desaktivierung durch zwei Prozesse 1. Ordnung entsprechend Gl. (30) erfolgen soll. Man erhält dann:

$$\frac{d[Y']}{dt} = I_0[Y] - (k_{Y',Y} + k_m)\,[Y']. \tag{38}$$

Mit $[Y] = 1$ (Mol^{-1}) und unter photostationären Bedingungen gilt:

$$\frac{d[Y']}{dt} = I_0 - (k_{Y',Y} + k_m)\,[Y'] = 0. \tag{39}$$

Wir definieren die „Quantenausbeute" Q_i eines photophysikalischen Prozesses als das Verhältnis der Zahl der Moleküle, die durch die Lichtemission desaktiviert werden zur Zahl der durch Lichtabsorption angeregten Moleküle, entsprechend der Zahl der emittierten zur Zahl der absorbierten Photonen. $Y' \rightarrow Y$ sei ein Emissionsprozeß. Die Zahl der in der Zeiteinheit emittierten Photonen ist dann $K_{Y',Y}[Y']$. Mit Gl. (39) ergibt sich somit für die Quantenausbeute $Q_{Y',Y}$:

$$Q_{Y',Y} = \frac{k_{Y',Y}[Y']}{I_0} = \frac{k_{Y',Y}}{k_{Y',Y} + k_m}. \tag{40}$$

Entsprechend erhält man für die Quantenausbeute $Q_{Y',Y'}$, wenn außer dem Desaktivierungsprozeß $m(k_m[Y'])$ weitere Desaktivierungsprozesse mit Geschwindigkeitskonstanten k_n, k_l, ... wirksam sind:

$$Q_{Y',Y} = \frac{k_{Y',Y}}{k_{Y',Y} + k_m + k_{n\ldots}} = \frac{k_{Y',Y}}{k_{Y',Y} + \sum k_{(i)}}. \tag{41}$$

Wenn an der mit der Emission konkurrierenden Desaktivierung nicht nur unimolekulare (Gl. (41)) sondern auch bimolekulare Prozesse (siehe Gl. (33) und (37)) beteiligt sind, so ergibt sich für diesen allgemeinsten Fall:

$$Q_{Y',Y} = \frac{k_{Y',Y}}{k_{Y',Y} + \sum k_{(1)} + \sum k_{(2)}[Q]} \, . \tag{42}$$

Bisher wurde explizit der Fall betrachtet, daß der durch Lichtabsorption erzeugte Anregungszustand durch Lichtemission (und/oder strahlungslose Prozesse) desaktiviert wird. Es ist aber auch (wegen der strahlungslosen Kopplung von Anregungszuständen) der Fall möglich, daß der durch Lichtabsorption erzeugte und der strahlende Desaktivierungsprozessen unterliegende Anregungszustand nicht identisch sind. Für derartige Situationen definieren wir die „Quanteneffektivität" q_i als das Verhältnis der Zahl der Moleküle im emittierenden Zustand zur Zahl der durch Lichtabsorption angeregten Moleküle. Es gilt:

$$Q_i \gtrless q_i \leq 1 \, . \tag{43}$$

Aus den Gl. (32) und (41) resp. (37) und (42) ergibt sich als Verknüpfung von $\tau_{Y'}$ mit $Q_{Y',Y}$ (resp. $q_{Y',Y}$):

$$\tau_{Y'} = Q_{Y',Y} \frac{1}{k_{Y',Y}} \, . \tag{44}$$

Das heißt, daß nur für den Fall $Q_{Y',Y} = 1$ die mittlere (experimentelle) Lebensdauer $\tau_{Y'}$ identisch ist mit der „natürlichen Lebensdauer" $\tau_{Y'}^0$ des Anregungszustandes und daß man $\tau_{Y'}^0$ grundsätzlich aus zwei observablen Größen (Quantenausbeute resp. Quanteneffektivität und mittlere Lebensdauer) berechnen kann.

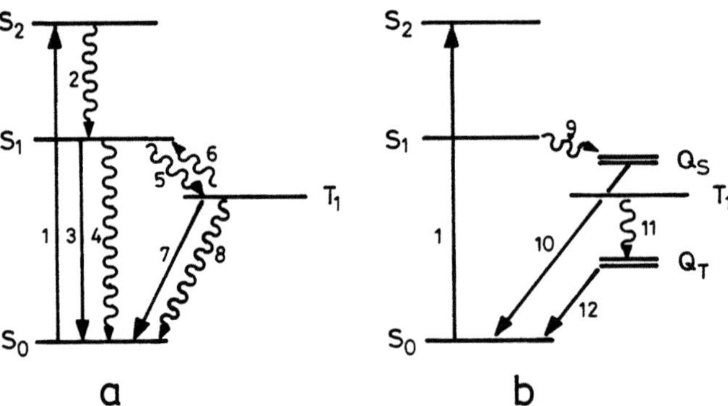

Abb. II.8. Unimolekulare (a) und bimolekulare (b) strahlende und strahlungslose Desaktivierungsprozesse in π-Elektronensystemen. Die geraden Pfeile bezeichnen Strahlungs-, die geschlängelten Pfeile strahlungslose Prozesse. Die Ziffern an den Pfeilen beziehen sich auf die Tabelle II.1a und b. Es wurde angenommen, daß die Anregung (durch Lichtabsorption) in den S_2-Zustand erfolgt (Übergang 1). Q_S resp. Q_T symbolisieren die relevanten Zustände von Singlett- resp. Triplettenergieacceptormolekülen

In den Abb: II.8a und b (Termschemata) sind die wichtigsten photophysikalischen Prozesse, die in π-Elektronensystemen ablaufen können, dargestellt. Die zugehörigen Tabellen II.1a und b enthalten die Bezeichnungen der Prozesse und übliche Notationen der entsprechenden Geschwindigkeitskonstanten. Kennt man die Größenordnungen der verschiedenen Geschwindigkeitskonstanten, die vom Übergangstyp, dem Termschema des Moleküls und den Orbitaleigenschaften der beteiligten Zustände abhängen, so kann man approximativ das Schicksal von Elektronenanregungsenergie in einem vorgegebenen Molekül voraussagen resp. experimentelle Ergebnisse auf dieser Basis verstehen. Die voranstehend hierzu gegebenen Informationen werden jetzt ergänzt und systematisiert.

Tabelle II.1a. Unimolekulare photophysikalische Prozesse

Prozeß No. in Abb. II.8a	Bezeichnung	Geschwindigkeitskonstante[a]
1	Lichtabsorption	–
2	S_n–S_1-Internal Conversion	k_{MH}
3	Fluoreszenz	k_{FM}
4	S_1–S_0-Internal Conversion	k_{GM}
5	S_1–T_n-Intersystem Crossing	k_{TM}
6	T_1–S_1-Intersystem Crossing	k_{MT}
7	Phosphoreszenz	k_{PT}
8	T_1–S_0-Intersystem Crossing	k_{GT}

[a] Die Notationen der Geschwindigkeitskonstanten sind mit den in J. B. Birks: Photophysics of Aromatic Molecules, London: Wiley-Interscience 1970, angewandten identisch.

Tabelle II.1b. Bimolekulare photophysikalische Prozesse

Prozeß No. in Abb. II.8b	Bezeichnung	Geschwindigkeitskonstante
(1	Lichtabsorption	–)
9	Singlett–Singlett-Energieübertragung	$k_{ET(S)}$
10	Sensibilisierte Fluoreszenz	–
11	Triplett–Triplett-Energieübertragung	$k_{ET(T)}$
12	Sensibilisierte Phosphoreszenz	–

Bei Strahlungs- oder strahlungslosen Übergängen in den Grundzustand ist es zweckmäßig zu unterscheiden zwischen (1) Übergängen, bei denen der Anregungszustand durch Lichtabsorption besetzt wird und (2) Übergängen, bei denen die Besetzung des Anregungszustandes durch strahlungslose Übergänge aus anderen

Zuständen erfolgt. Bei Typ-2-Prozessen ist die Quantenausbeute Q_2 abhängig von der Quantenausbeute Q_i des Besetzungsprozesses und der Quanteneffektivität q_i des Desaktivierungsprozesses in den Grundzustand:

$$Q_2 = Q_i q_i. \tag{45}$$

Beispiel 1: Phosphoreszenz (siehe hierzu Abb. II.8a und Tabelle II.1a). — Q_i ist gegeben durch:

$$Q_i = \frac{k_{TM}}{k_{TM} + k_{FM}}, \tag{46}$$

wenn die Desaktivierung des S_1-Zustandes ausschließlich durch Fluoreszenz und ISC erfolgt. Sind weitere uni- oder bimoleulare Prozesse an der Desaktivierung des Zustandes beteiligt, so erscheinen im Nenner der Gl. (46) die entsprechenden Geschwindigkeitskonstanten k_i resp. Produkte $k_i[Q]$.

Für q_i erhält man:

$$q_i = \frac{k_{PT}}{k_{PT} + k_{GT}}. \tag{47}$$

Beispiel 2: Intermolekulare Singlett–Singlett-Energieübertragung (siehe hierzu Abb.II.8b und Tabelle II.1b). — Für Q_2 ergibt sich:

$$Q_2 = \frac{k_{ET}}{k_{ET} + k_{FM(D)}} \times \frac{k_{FM(A)}}{k_{FM(A)} + k_{TM(A)}}, \tag{48}$$

wobei die Indices D resp. A die Übergangshäufigkeiten der Prozesse im Donor resp. Acceptor kennzeichnen und angenommen wurde, daß $k_{ET} \gg k_{TM(D)}$.

Eine rigorose Diskriminierung von Übergängen hinsichtlich ihrer Geschwindigkeitskonstanten ergibt sich aus dem „Interkombinationsverbot" (siehe auch Kapitel II.B): Bei strenger Gültigkeit des Interkombinationsverbots dürften keinerlei Übergänge zwischen Singlett- und Triplett-Zuständen stattfinden (k_{TM}, k_{PT}, k_{GT} usw. sind Null). Daß dennoch Strahlungs- und strahlungslose Singlett-Triplett-Übergänge erfolgen, beruht auf „Störungen" des Interkombinationsverbots. Diese Störungen, die die „Spin-Umkehr" erleichtern, rühren von Wechselwirkungen zwischen den mit den Spin- und Bahnmomenten verbundenen magnetischen Momenten der Elektronen her. Die „Spin–Bahn-Kopplung" ist in n, π^*-Zuständen (siehe Kapitel II.A) größer als in π, π^*-Zuständen. Erhöht wird sie auch in ungesättigten, insbesondere aromatischen Kohlenwasserstoffen durch Einführung von Substituenten mit Atomen hoher Ordnungszahl („Innerer Schweratomeffekt") oder wenn sich ein „Schweratom-Störer" (zum Beispiel: Methyljodid oder Dimethylquecksilber) in der Matrix befindet („Äußerer Schweratomeffekt"). In Abb. II.9 ist k_{TM} gegen k_{PT} für 1-Halogen-naphthaline resp. für Napththalin bei Anwesenheit von Halogen-propanen im doppelt-logarithmischen Maßstab aufgetragen. Beide Übergangshäufigkeiten nehmen sowohl im inneren wie äußeren Schweratomeffekt mit der Ordnungszahl des Störers stark zu. Damit

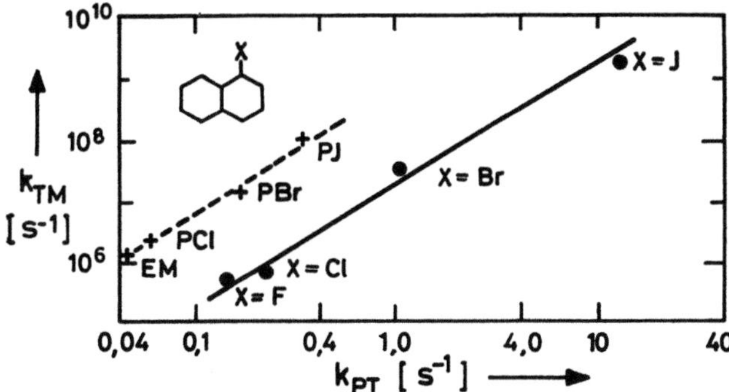

Abb. II.9. Zusammenhang zwischen den Geschwindigkeitskonstanten k_{TM} des intersystem crossing und k_{PT} der Phosphoreszenz von 1-Halogen-naphthalinen (ausgezogene Gerade) und von Naphthalin in Ethanol/Methanol (EM) (inerte Matrix) resp. bei Anwesenheit von Chlorpropan (PCl), Brompropan (PBr) und Jodpropan (PJ) in der Matrix (gestrichelte Gerade). Die Auftragung ist doppelt-logarithmisch (nach S. P. McGlynn, M. J. Reynolds, G. W. Daigre, N. D. Christodouleas: J. Phys. Chem. 66, 2499 (1962))

erhöht sich Q_i (Gl. (46)) und da im allgemeinen k_{PT} empfindlicher gegenüber Schweratom-Störungen ist als k_{GT} ebenso q_i (Gl. (47)). Das Resultat ist, daß Schweratom-Störer in der Regel die Quantenausbeute der Phosphoreszenz erhöhen. Gleichzeitig reduzieren sie die mittlere Lebensdauer des emittierenden Triplettzustandes, da gilt:

$$\tau_p = \frac{1}{k_{PT} + k_{GT}}. \tag{49}$$

Da ISC und Fluoreszenz konkurrierende Prozesse sind, wird sowohl die Quantenausbeute wie die mittlere Lebensdauer von Fluoreszenzen durch Schweratomstörer verringert (siehe Gl. (32) und (40)).

Für die Geschwindigkeitskonstanten aller Typen von strahlungslosen Übergängen gilt approximativ Gl. (18) (Kapitel II.C), wobei eine Diskriminierung zwischen den verschiedenen Typen im wesentlichen durch den präexponentiellen Faktor a erfolgt. a ist — wie früher ausgeführt (Kapitel II.C) — für spin-verbotene (Singlett–Triplett)-Übergänge wesentlich kleiner als für spin-erlaubte Übergänge (Singlett–Singlett- und Triplett–Triplett-Übergänge). Näherungsweise kann man den in Abb. II.7 (Kapitel II.C) dargestellten Zusammenhang zwischen k_{GT} und dem Energieintervall ΔE (T_1–S_0) zur Abschätzung des ΔE-Einflusses auf die k's unterschiedlichster strahlungsloser Prozesse benutzen. Zur Abschätzung der präexponentiellen Faktoren a der Gl. (18) bei Schweratom-induzierten Singlett–Triplett-Übergängen ist die Abb. II.9 geeignet.

Bisher wurden nur thermisch nicht aktivierte strahlungslose Prozesse betrachtet. Entsprechende thermisch aktivierte Prozesse, die von einem Term niedrigerer elektronischer Energie in einen Term höherer elektronischer Energie führen, sind grundsätzlich möglich, wenn die Energiedifferenz zwischen den Termen nicht zu groß ist ($<$etwa 5000 cm^{-1}).

Beispiel 1: E-Typ verzögerte Fluoreszenz (E steht für „Eosin", an dem dieses Phänomen besonders eingehend untersucht worden ist). — Im Mechanismus der E-Typ-verzögerten Fluoreszenz findet — als Konkurrenzprozeß zur Phosphoreszenz — ein thermisch aktivierter strahlungsloser Übergang vom niedrigsten Triplett-Zustand T_1 in den niedrigsten Singlett-Zustand S_1 statt. Aus dem S_1-Zustand erfolgt Strahlungsübergang in den Grundzustand S_0 (Fluoreszenz). Die Geschwindigkeitskonstante des thermisch aktivierten ISC ist gegeben durch:

$$k_{MT} = k'_{MT} \exp\left(-\Delta ST/kT\right), \tag{50}$$

wobei k'_{MT} die Geschwindigkeitskonstante des ISC von einem vibronischen Term des T_1-Zustandes in einen isoenergetischen vibronischen Term des S_1-Zustandes, ΔST das Energieintervall S_1–T_1 und k die Boltzmann-Konstante ist. Für den Abklingprozeß der Phosphoreszenz gilt entsprechend Gl. (28):

$$[T_1] = [T_{1(0)}] \exp\left(-k_t t\right) \tag{51}$$

k_t ist gegeben durch:

$$k_t = k_{PT} + k_{GT} + k_{MT}. \tag{52}$$

Da die Zustände T_1 und S_1 im thermischen Gleichgewicht stehen, ist zu jeder Zeit t: $[S_1]$ = const $[T_1]$. Damit ergibt sich für die E-Typ-verzögerte Fluoreszenz das gleiche Zeitgesetz des Abklingvorganges wie für die Phosphoreszenz (Gl. (51)); d.h. die gleichzeitig auftretende Phosphoreszenz und E-Typ-verzögerte Fluoreszenz haben identische mittlere Lebensdauern (k_t^{-1}).

Beispiel 2: Thermisch aktivierte intermolekulare Triplett–Triplett-Energieübertragung. — Dieses Phänomen wird häufig in Mischkristallen von zwei Komponenten A und B beobachtet, wenn der Triplettzustand $T_{1(A)}$ < etwa $5000\ cm^{-1}$ über dem Triplettzustand $T_{1(B)}$ liegt und die Triplett-Lebensdauer von A bei Abwesenheit von B klein ist. Sind beide Zustände im thermischen Gleichgewicht, so weisen sie wie im analogen Fall des thermisch induzierten ISC die gleiche Lebensdauer auf. Ist die Triplett-Lebensdauer der isolierten Moleküle B größer als die der isolierten Moleküle A, so führt der Prozeß zu einer Verlängerung der Triplett-Lebensdauer von A im Mischkristall.

E. Termschema und Lumineszenzverhalten von Molekülen

In den vorangegangenen Kapiteln wurden wesentliche Zusammenhänge zwischen Termschema und Lumineszenzverhalten von Molekülen diskutiert. Explizit bezogen sich alle Betrachtungen auf Moleküle, deren elektronische Anregungszustände sämtlich vom π, π^*-Typ (siehe Kapitel II.A) sind, d.h. auf π-Elektronensysteme ohne Heteroatome. In hetero-funktionalisierten π-Elektronensystemen können — wie gezeigt wurde (siehe Kapitel II.A) — einige Elektronen n-Orbitale besetzen und daraus resultierend treten im Termschema neben π, π^*-Anregungszuständen auch n, π^*-Anregungszustände auf. Die in den vorangegangenen

Kapiteln besprochenen Zusammenhänge zwischen Termschema und Lumineszenzverhalten von Molekülen gelten gleichermaßen für π, π^*- wie n, π^*-Zustände, aber die Berücksichtigung der unterschiedlichen Eigenschaften dieser beiden Typen von Anregungszuständen gestattet weitere detaillierte Schlußfolgerungen aus dem Termschema auf das photophysikalische Verhalten von Molekülen.

In diesem Zusammenhang sind vor allem die folgenden charakteristischen Eigenschaften von n, π^*-Zuständen von Bedeutung:

(1) Die Übergangsmomentintegrale von Übergängen zwischen dem Grundzustand und n, π^*-Singlett-Anregungszuständen sind klein, d.h., n, π^*-Absorptionsübergänge haben geringe Oszillatorenstärken und die Geschwindigkeitskonstanten der strahlenden Desaktivierung von n, π^*-Singlett-Anregungszuständen haben geringe Beträge.

(2) Umgekehrt haben Übergänge zwischen n, π^*-Triplett-Anregungszuständen und dem Grundzustand relativ hohe Übergangsmomentintegrale und eine Konsequenz ist, daß Phosphoreszenzen aus n, π^*-Triplett-Zuständen mit relativ großen Geschwindigkeitskonstanten (etwa 10^3 s^{-1}) erfolgen.

(3) Bei gleichem Energieintervall zwischen den beteiligten Zuständen hat das ISC zwischen π, π^*- und n, π^*-Zuständen um etwa 3 bis 5 Größenordnungen höhere Geschwindigkeitskonstanten als das ISC zwischen Zuständen vom gleichen Orbitaltyp.

(4) Bei jeweils gleicher Bahn-Quantenzahl (Kapitel II.A) ist die Energiedifferenz zwischen Singlett- und Triplettzuständen, das „Singlett–Triplett-Splitting", bei n, π^*-Zuständen im allgemeinen deutlich kleiner als bei π, π^*-Zuständen.

(5) Beim Übergang von einem unpolaren zu einem polaren Lösungsmittel werden n, π^*-Anregungszustände relativ zum Grundzustand destabilisiert im Gegensatz zu π, π^*-Anregungszuständen, die stabilisiert werden; d.h., n, π^*-Strahlungsübergänge erfahren eine hypsochrome, π, π^*-Strahlungsübergänge eine bathochrome Verschiebung im polaren gegenüber dem unpolaren Lösungsmittel.

In Näherung kann man das Lumineszenzverhalten von Molekülen mit sowohl π, π^*- wie n, π^*-Anregungszuständen voraussagen und interpretieren, wenn man die Energien folgender Anregungszustände berücksichtigt:

1. des niedrigsten π, π^*-Singlett-Anregungszustandes $(^1\pi, \pi^*)$,
2. des niedrigsten n, π^*-Singlett-Anregungszustandes $(^1n, \pi^*)$,
3. des niedrigsten π, π^*-Triplett-Anregungszustandes $(^3\pi, \pi^*)$,
4. des niedrigsten n, π^*-Triplett-Anregungszustandes $(^3n, \pi^*)$.

Bezüglich der relativen Lage, d.h. der energetischen Reihenfolge dieser 4 Anregungszustände, ergeben sich 4 mögliche Situationen, die als Termschemata in Abb. II.10 dargestellt sind. Unter Berücksichtigung der oben eingeführten unterschiedlichen Eigenschaften von π, π^*- und n, π^*-Anregungszuständen lassen sich nun Regeln ableiten, die Zusammenhänge zwischen Termschema und Lumineszenzverhalten beschreiben. Hierbei wird in allen Fällen angenommen, daß die primäre Anregung (durch Lichtabsorption) in den jeweils niedrigsten π, π^*-Singlett-Anregungszustand erfolgt.

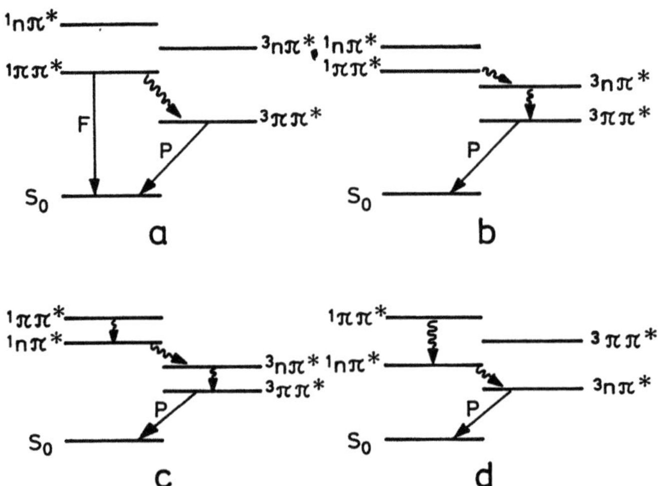

Abb. II.10. Termschemata von π-Elektronensystemen mit sowohl π, π^*- wie n, π^*-Anregungszuständen. Die geraden Pfeile bezeichnen die Strahlungsübergänge (F = Fluoreszenz, P = Phosphoreszenz), die geschlängelten Pfeile die strahlungslosen Übergänge, die bei den unterschiedlichen Termsituationen dominant sind

(1) Im Falle der Termsituation a (Abb. II.10) haben die n, π^*-Anregungszustände keinen Einfluß auf das Lumineszenzverhalten der Verbindung. Man wird π, π^*-Fluoreszenz und π, π^*-Phosphoreszenz erwarten können.

(2) Wesentlich in der Termsituation b ist, daß dem S_1-Zustand ($^1\pi, \pi^*$) zwei Triplettzustände ($^3\pi, \pi^*$ und ^{3}n, π^*) für das ISC angeboten werden. Aus Eigenschaft (3) von n, π^*-Zuständen folgt, daß nahezu ausschließlich der ^{3}n, π^*-Zustand besetzt wird, aus dem IC in den T_1-Zustand ($^3\pi, \pi^*$) stattfindet. Mit dem IC kann Phosphoreszenz aus dem ^{3}n, π^*-Zustand nicht konkurrieren. Verbindungen mit diesem Termschema werden keine Fluoreszenz, aber π, π^*-Phosphoreszenz aufweisen.

(3) Im Termschema c stehen dem $^1\pi, \pi^*$-Zustand für die strahlungslose Desaktivierung 3 Anregungszustände zur Verfügung (^{1}n, π^*; ^{3}n, π^*; $^3\pi, \pi^*$). Von den entsprechenden Übergängen wird man für das IC in den ^{1}n, π^*-Zustand im allgemeinen die höchste Geschwindigkeitskonstante erwarten müssen. Wegen Eigenschaft (1) von n, π^*-Zuständen kann der Strahlungsübergang in den Grundzustand mit der strahlungslosen Desaktivierung durch ISC nicht konkurrieren. Unabhängig davon, ob das ISC in den ^{3}n, π^*-Zustand oder $^3\pi, \pi^*$-Zustand erfolgt — beides ist grundsätzlich möglich — wird letztlich immer der $^3\pi, \pi^*$-Zustand besetzt, da sich einer Besetzung des ^{3}n, π^*-Zustandes IC in den $^3\pi, \pi^*$-Zustand anschließen würde. Wie im Falle b werden Verbindungen mit einem Termschema vom Typ c nicht fluoreszieren, aber π, π^*-Phosphoreszenz emittieren.

(4) Die Termsituation d ist vor allem dadurch gekennzeichnet, daß der niedrigste Triplett-Anregungszustand vom n, π^*-Typ ist. Verbindungen mit diesem Termschema werden in der Regel n, π^*-Phosphoreszenz emittieren. Unabhängig

davon, ob die primäre Anregung (durch Lichtabsorption) in den $^1\pi, \pi^*$- oder ^{1}n, π^*-Anregungszustand erfolgt, kann keine Fluoreszenz erwartet werden: ^{1}n, π^*-Fluoreszenz kann mit dem ISC in den ^{3}n, π^*-Zustand nicht konkurrieren und $^1\pi, \pi^*$-Fluoreszenz nicht mit dem IC in den ^{1}n, π^*-Zustand.

Zusammenfassend ergeben sich aus den 4 Termsituationen (Abb. II.10) für Verbindungen mit sowohl π, π^*- wie n, π^*-Anregungszuständen folgende 3 Lumineszenzsituationen: Die Verbindungen emittieren (1) π, π^*-Fluoreszenz und π, π^*-Phosphoreszenz, oder (2) keine Fluoreszenz, aber π, π^*-Phosphoreszenz, oder (3) keine Fluoreszenz, aber n, π^*-Phosphoreszenz.

Wegen der unterschiedlichen Abhängigkeit der Energieänderung von π, π^*- und n, π^*-Anregungszuständen von der Polarität des Lösungsmittels stößt man gelegentlich auf Verbindungen, die im unpolaren resp. polaren Lösungsmittel unterschiedliche Termsituationen aufweisen und daraus resultierend unterschiedliches Lumineszenzverhalten zeigen. Dieser Fall kann eintreten, wenn wenigstens zwei Voraussetzungen erfüllt sind: (1) Das Lumineszenzverhalten wird im wesentlichen durch einen π, π^*- und einen n, π^*-Zustand bestimmt. (2) Die Energiedifferenz zwischen den Zuständen im ersten Lösungsmittel ist kleiner als die Summe der durch den Lösungsmittelwechsel bewirkten Energieänderungen der Zustände.

Vergleicht man Verbindungen identischen Bauprinzips, aber unterschiedlicher Größe des konjugierten Systems (unterschiedlicher Zahl an π-Elektronen) so findet man, daß die Energien der π, π^*-Zustände wesentlich stärker als die der n, π^*-Zustände von der Größe der Systeme abhängen. Ein Resultat ist, daß in *einer* Klasse von Verbindungen mit π, π^*- und n, π^*-Zuständen unterschiedliche Termsituationen und damit unterschiedliches Lumineszenzverhalten auftreten können. Ein gutes Beispiel stellen die Acenchinone dar (Abb. II.11). Naphtho-1,4-chinon (I) und Anthra-9,10-chinon (II) haben ein Termschema vom Typ d (Abb. II.10) und zeigen nur n, π^*-Phosphoreszenz; Tetracen-5,12-chinon (III)

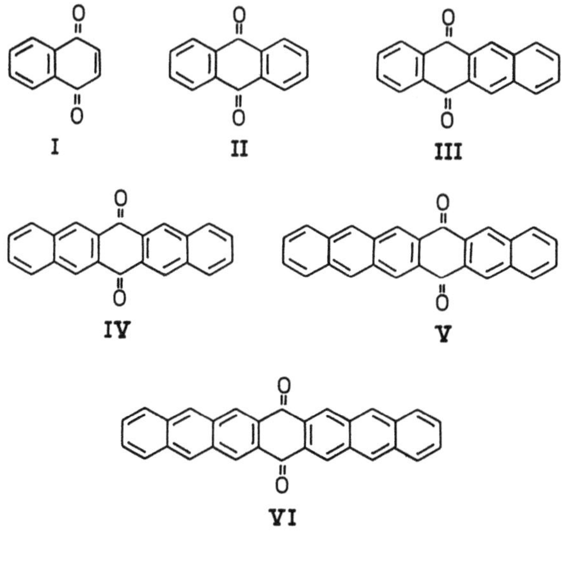

I   II   III

IV   V

VI

Abb. II.11. Chinone der linear anellierten Kohlenwasserstoffe (Acene)

und Pentacen-6,13-chinon (IV) ein Termschema vom Typ c, ihre Emission ist ausschließlich π, π^*-Phosphoreszenz; Hexacen-6,15-chinon (V) und Heptacen-7,16-chinon (VI) mit einem Termschema vom Typ a zeigen nur π, π^*-Fluoreszenz und die Annahme ist naheliegend, daß die grundsätzlich denkbare Phosphoreszenz deswegen nicht beobachtet wird, weil sie wegen der bei diesen Verbindungen sehr niedrigen Lage des π, π^*-Triplettzustandes mit der strahlungslosen Desaktivierung in den Grundzustand nicht konkurrieren kann.

F. Fluoreszenzlöschung

Im Kapitel II.D wurde gezeigt, daß die Quantenausbeute der Fluoreszenz einer Verbindung Y′ durch eine Komponente Q in einem bimolekularen Prozeß (Gl. (33), Kapitel II.D) reduziert werden kann (Gl. (42)). Dieses Phänomen bezeichnet man als „Fluoreszenzlöschung". Findet — wie im betrachteten Fall — die Wechselwirkung der Löschsubstanz („Quencher") mit der fluoreszierenden Verbindung im Anregungszustand statt, so handelt es sich um eine „dynamische" Löschung. Grundsätzlich kann die Wechselwirkung eines Quenchers auch mit der fluoreszierenden Verbindung in ihrem Grundzustand erfolgen. Führt diese Wechselwirkung — zum Beispiel durch Charge-Transfer-Komplexierung — zu einer neuen, nicht-fluoreszierenden Spezies, so entspricht dies einer Verringerung von [Y′] in Gl. (40) (Kapitel II.D) und das Resultat ist wiederum eine Reduktion der Fluoreszenzquantenausbeute. Diese „statische" unterscheidet sich von der dynamischen Löschung dadurch, daß nur bei letzterer durch die Anwesenheit des Quenchers sowohl die Quantenausbeute wie die Lebensdauer (Gl. (37)) der Fluoreszenz reduziert werden, und zwar in gleichem Maße.

Im Fall der dynamischen Löschung ergibt sich aus den Gl. (32), (37), (41) und (42) (Kapitel II.D) für den Quotienten der Fluoreszenzquantenausbeuten resp. Lebensdauern bei Ab- resp. Anwesenheit des Quenchers Q:

$$\frac{Q_f^0}{Q_f} = \frac{\tau_f^0}{\tau_f} = \frac{k_{FM} + k_{GM} + k_{TM} + k_q[Q]}{k_{FM} + k_{GM} + k_{TM}} \tag{53}$$

(zur Bedeutung der Geschwindigkeitskonstanten siehe Abb. II.8a und Tabelle II.1a, Kapitel II.D).

Aus Gl. (53) erhält man durch Umformung:

$$\frac{Q_f^0}{Q_f} = \frac{\tau_f^0}{\tau_f} = 1 + k_q[Q]\,\tau_f^0. \tag{54}$$

Wenn sich die Verteilungsfunktion des Absorptions- und Fluoreszenzspektrums durch den Löscher nicht ändert, kann das Verhältnis der Quantenausbeuten Q_f^0/Q_f durch das experimentell leicht zugängliche Verhältnis der Fluoreszenzintensitäten F_0/F ersetzt werden. Ist [Q] gleich der Halbwertslöschkonzentration $[Q_H] = (k_q \tau_f^0)^{-1}$, so sind die ursprünglich bei Abwesenheit des Quenchers beobachtete Fluoreszenzintensität und Lebensdauer auf die Hälfte reduziert. Den Kehrwert der Halbwertslöschkonzentration $[Q_H]$ bezeichnet man auch als „Löschkonstante" L. Mit diesen Vereinfachungen und Definitionen ergeben sich aus Gl. (54) die „Stern-Volmer-Gleichungen":

$$\frac{F_0}{F} = \frac{\tau_f^0}{\tau_f} = 1 + k_q[Q]\,\tau_f^0 = 1 + \frac{[Q]}{[Q_H]} = 1 + L[Q]. \tag{55}$$

Abbildung II.12 zeigt „Stern-Volmer-Auftragungen" in zwei üblichen Varianten.

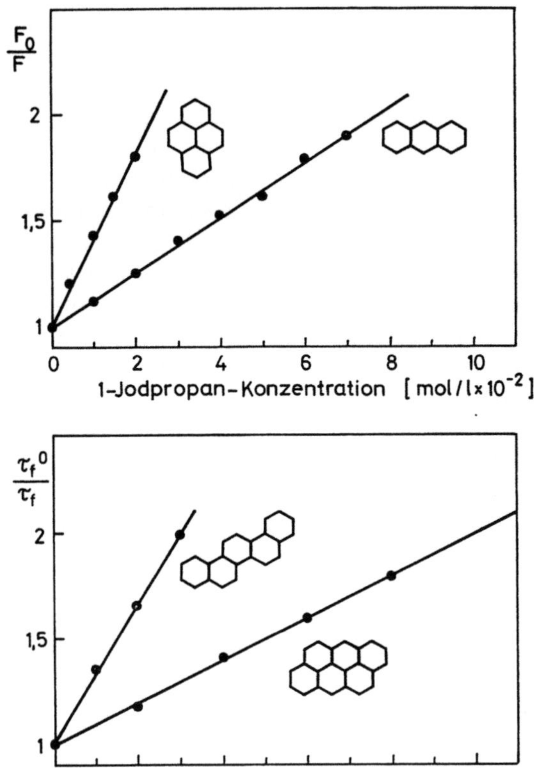

Abb. II.12. Stern-Volmer-Geraden: F_0/F resp. τ_f^0/τ_f als Funktion der Quencher-Konzentration (Quencher: 1-Jodpropan) (nach E. Koch, Dissertation, Bochum 1975)

Ist eine Fluoreszenzlöschung als dynamische Löschung erkannt (experimentelles Kriterium: Mit zunehmender Quencher-Konzentration nimmt die Fluoreszenzlebensdauer ab), so ist damit noch nichts über den „inneren" (molekularen) Mechanismus der Fluoreszenzlöschung ausgesagt. Die wichtigsten inneren Mechanismen der dynamischen Fluoreszenzlöschung sind: (1) Erhöhung der Geschwindigkeitskonstante k_{TM} des ISC durch einen „äußeren Schweratomstörer" (siehe Kapitel II.D), (2) Intermolekulare Singlett–Singlett-Energieübertragung (siehe Kapitel II.C), (3) Elektronenübertragung.

Für die Fluoreszenzlöschung im äußeren Schweratomeffekt konnte (für polycyclische aromatische Kohlenwasserstoffe) gezeigt werden, daß gilt:

$$k_q = \text{const} \exp(-\Delta E), \tag{56}$$

wobei ΔE die Energiedifferenz zwischen dem fluoreszierenden S_1-Zustand und dem nächst niedrigeren Triplett-Zustand T_n ist. Dieser Triplettzustand T_n ist bei einigen Systemen der niedrigste Triplettzustand T_1, aber häufiger ein energetisch zwischen dem S_1- und dem T_1-Zustand liegender höherer Triplettzustand. In relativ wenigen Fällen befindet sich der T_2-Zustand etwas oberhalb S_1. In diesen Fällen ist die durch äußere Schweratom-Störer induzierte Erhöhung des ISC temperaturabhängig: Bei höherer Temperatur erfolgt thermisch aktiviertes ISC in den T_2-Zustand; da $\Delta E(T_2–S_1)$ klein ist, ist die Geschwindigkeitskonstante k_q (Gl. (56)) der Fluoreszenzlöschung groß. Bei tiefer Temperatur kann ISC nur in den T_1-Zustand stattfinden; in der Regel ist $\Delta E(S_1–T_1)$ groß und damit entsprechend Gl. (56) die Geschwindigkeitskonstante k_q der schweratom-induzierten Fluoreszenzlöschung klein. — Der präexponentielle Faktor in Gl. (56) nimmt mit steigender Ordnungszahl des Schweratomstörers zu (siehe auch Kapitel II.D). Da die Erhöhung der Spin-Bahn-Kopplung in einem lumineszierenden π-Elektronensystem im äußeren Schweratomeffekt eine elektrostatische Wechselwirkung zwischen lumineszierender Verbindung und Störer erfordert, nimmt k_q in Gl. (56) nicht nur mit abnehmenden ΔE und steigender Ordnungszahl des Störers sondern auch mit zunehmender Charge-Transfer-Wechselwirkung zwischen den Komponenten zu. So beobachtet man starke Fluoreszenzlöschung, wenn das fluoreszierende π-Elektronensystem ausgeprägte Elektronen-Donor-Eigenschaften und der Schweratomstörer ausgeprägte Elektronen-Acceptor-Eigenschaften aufweist. Ein Beispiel ist der starke Fluoreszenzlöscheffekt, den $AgNO_3$ (Elektronenacceptor) als Schweratomstörer (Ordnungszahl von Ag: 47) auf Aza-aromaten, wie Phenanthridin (Elektronendonor) hat.

Intermolekulare Singlett–Singlett-Energieübertragung führt zur Löschung der Donor-Fluoreszenz (siehe Kapitel II.C) und ist in vielen Fällen mit dem Auftreten der „sensibilisierten" Acceptor-Fluoreszenz verbunden. Das ist ein besonders bei Donor/Acceptor-Mischkristallen häufig beobachtetes Phänomen. In vielen Fällen emittiert der Mischkristall ausschließlich die Fluoreszenz des Acceptors, selbst wenn dieser nur in sehr niedriger Konzentration vorliegt.

Elektronenübertragung als innerer Mechanismus der Fluoreszenzlöschung setzt voraus, daß sich der Quencher gegenüber der fluoreszierenden Spezies in ihrem Anregungszustand als Elektronenacceptor resp. Elektronendonor verhält. Die beiden möglichen Situationen sind als Orbital-Schemata in Abb. II.13a und b dargestellt, wobei angenommen wurde, daß die Fluoreszenz dem Elektronenübergang aus dem tiefsten antibindenden („LUMO") in das höchste bindende Orbital („HOMO") (siehe auch Kapitel II.A) entspricht. Die „Ionisierungsenergie" I_D muß aufgebracht werden, um ein Elektron aus einem Orbital zu entfernen (in das Energieband der „freien" Elektronen zu überführen), während umgekehrt bei der Aufnahme eines „freien" Elektrons in einem Orbital die der „Elektronenaffinität" E_A entsprechende Energie gewonnen wird. Zwischen der Energie ε_m des Orbitals, das ein Elektron in das Energieband der freien Elektronen

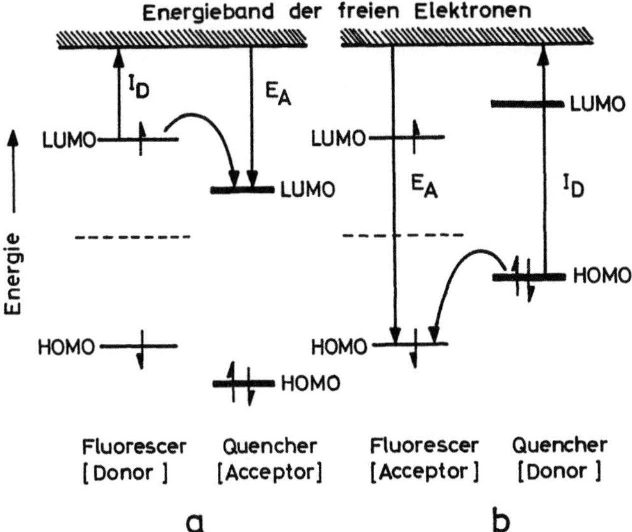

Abb. II.13. Fluoreszenzlöschung durch Elektronenübertragung von einen fluoreszenzfähigen Elektronendonor-Molekül auf einen Elektronenacceptor (a) resp. von einem Elektronendonor auf ein fluoreszenzfähiges Elektronenacceptor-Molekül (b). (I_D resp. E_a bezeichnen Ionisierungsenergien resp. Elektronenaffinitäten.)

entläßt resp. aus diesem aufnimmt und der entsprechenden I_D resp. E_A besteht der Zusammenhang:

$$\varepsilon_m = -I_D = E_A. \tag{57}$$

Eine Elektronenübertragung wird immer in Richtung eines „Energiegewinns" erfolgen und die Geschwindigkeitskonstante der Elektronenübertragung um so größer sein, je größer der Betrag der „gewonnenen" Energie ist. — In der in Abb. II.13a wiedergegebenen Situation ist die fluoreszierende Spezies der Elektronendonor, der Quencher ist der Elektronenacceptor. Die Elektronenübertragung erfolgt aus dem LUMO des Donors in das LUMO des Acceptors und konkurriert mit dem zur Fluoreszenz führenden Elektronenübergang in das Donor-HOMO. Die Geschwindigkeitskonstante der Elektronenübertragung ist um so größer, je größer die Energiedifferenz zwischen Donor- und Acceptor-LUMO ist. — Die umgekehrte Situation ist in Abb. II.13b wiedergegeben. Die fluoreszierende Spezies ist jetzt der Elektronenacceptor und der Quencher ist der Elektronendonor. Der Elektronenübergang erfolgt aus dem HOMO des Donors in das (einfach besetzte) HOMO des (elektronisch angeregten) Acceptors. Das durch die Elektronenübertragung nun zweifach besetzte Acceptor-HOMO kann das Elektron aus seinem LUMO nicht mehr aufnehmen. Das Elektron aus dem Acceptor-LUMO geht in das (einfach besetzte) Donor-HOMO über, wodurch die Zahl der (in der Zeiteinheit) fluoreszierenden Acceptormoleküle, d.h., die Fluoreszenz-Quantenausbeute verringert wird. Die Geschwindigkeitskonstante der Fluoreszenzlöschung ist um so größer, je größer die Energiedifferenz zwischen Donor-

und Acceptor-HOMO ist. — Bei beiden Typen von Elektronenübertragungs-
prozessen entstehen gegensätzlich geladene Spezies, die durch elektrostatische An-
ziehung im „Begegnungskomplex" zusammengehalten werden, d. h., es bildet sich
ein elektronisch angeregter „Charge-Transfer-Komplex". In einigen Fällen erfolgt
der strahlungslose (mit Ladungsausgleich verbundene) Zerfall des Komplexes
langsamer als dessen strahlende Desaktivierung: Man beobachtet eine für den
angeregten Charge-Transfer-Komplex, den sog. „Exciplex", charakteristische
Fluoreszenz. Im Gegensatz zu stabilen Charge-Transfer-Komplexen (z. B. Pikraten
aromatischer Kohlenwasserstoffe) existiert der Exciplex nur im elektronisch angeregten Zustand.

Eng verwandt mit der Bildung von Exciplexen und der Exciplex-Emission sind
die Bildung von „Excimeren" und die Excimeren-Emission. Wie der Exciplex
besteht das Excimer aus zwei Spezies (Molekülen), wobei in beiden Fällen in der
einen Spezies nur bindende, in der anderen auch ein anti-bindendes Orbital
besetzt sind. Der Unterschied zwischen Exciplex und Excimer besteht darin, daß
der Exciplex aus unterschiedlichen, das Excimer aus identischen Molekülen auf-
gebaut ist. Hiervon befindet sich ein Molekül in seinem Grundzustand (nur bindende Orbitale sind besetzt), das andere in einem elektronisch angeregten Zustand
(ein anti-bindendes Orbital ist besetzt). In Abb. II.14 sind das Potentialkurven-
Schema (siehe Kapitel II.A.) eines Paares von Excimeren-bildenden Molekülen
und die entsprechenden Fluoreszenzspektren (Monomer- und Excimer-Fluoreszenz) wiedergegeben. Die Wechselwirkung zwischen den Molekülen ändert sich
mit dem Wechselwirkungsabstand r. Wenn r groß ist, findet keine Wechselwirkung statt: man beobachtet nur die „Monomer"-Fluoreszenz der Verbindung.
Verringert sich r auf den Gleichgewichtsabstand, so bildet sich das Excimer, dessen
Grundzustand S_0 gegenüber dem des Monomer destabilisiert und dessen Anregungszustand S_1 gegenüber dem des Monomer stabilisiert ist. Die Folge ist,

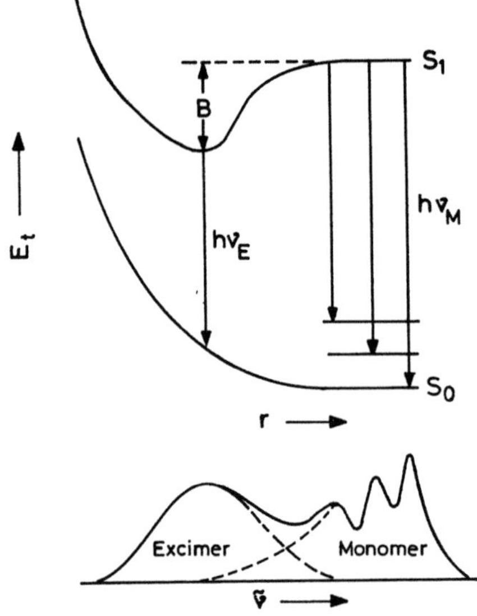

Abb. II.14. Potentialkurvenschema eines Paa-
res von Excimer-bildenden Molekülen sowie
das entsprechende Monomer- und Excimer-
Fluoreszenzspektrum, B = $S_{1(M)} - S_{1(E)}$ (nach
M. D. Lumb (ed.): Luminescence Spectroscopy,
London–New York–San Francisco: Academic
Press 1978)

daß die Excimer-Fluoreszenz bei längeren Wellenlängen als die Monomer-Fluoreszenz auftritt. Aus dem Potentialkurven-Schema ergibt sich auch sofort, daß das Excimer nur im angeregten Zustand existieren kann (hier stabiler als das Monomer ist). Grob approximativ lassen sich die Bindungsverhältnisse im Excimer analog wie in Charge-Transfer-Grundzustands-Komplexen beschreiben, nämlich als Resonanzhybrid zwischen einer „no-bond-Struktur" und einer „Charge-Transfer-Struktur", wobei die im Excimer vorliegenden Moleküle energetisch ununterscheidbar sind (die Energie gleichmäßig auf beide Moleküle verteilt ist):

$$(M \cdots M)^* \leftrightarrow (M^+ - M^-)^*.$$

In dem in Abb. II.15 wiedergegebenen Reaktionsschema bedeuten M und M* das Monomere und (MM)* das Dimere in deren Singlett-Grund- bzw. Singlett-Anregungszuständen. k_{FM} und k_N sind die Geschwindigkeitskonstanten der unimolekularen Desaktivierungsprozesse von M* mit und ohne Lichtemission, k_{FD} und k_M die entsprechenden Konstanten von (MM)*. k_{DM} ist die Geschwindigkeitskonstante des bimolekularen Assoziationsprozesses, k_{MD} die der in entgegengesetzter Richtung verlaufenden unimolekularen Dissoziation. Das Verhältnis der Quantenausbeuten von Excimer-Fluoreszenz Q_E zu Monomer-Fluoreszenz Q_M ergibt sich zu;

$$\frac{Q_E}{Q_M} = \frac{k_{DM}[M]}{(k_{MD} + k_{FD} + k_M)} \frac{k_{FD}}{k_{FM}}. \tag{58}$$

Die mit steigender Konzentration verbundene Bildung des Excimer führt zu einer Abnahme der Monomer-Konzentration und damit zu einer Löschung der Monomer-Fluoreszenz. Hier handelt es sich um einen Fall von „Konzentrationslöschung" und gleichzeitig um den Spezialfall einer Konzentrationslöschung mit „Fluoreszenzumschlag", das ist das Auftreten einer neuen Fluoreszenz, nämlich der Excimer-Fluoreszenz.

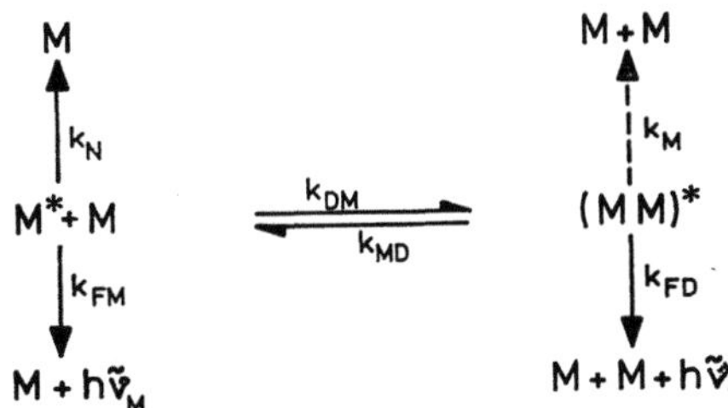

Abb. II.15. Kinetisches Schema der Bildung sowie der strahlenden und strahlungslosen Desaktivierung von Excimeren. Die Gleichgewichtspfeile bezeichnen das Excimer-Monomer-Gleichgewicht, die ausgezogenen Pfeile strahlende und die gestrichelten Pfeile strahlungslose Desaktivierungsprozesse

G. Dualfluoreszenz

Vavilov's Gesetz (siehe Kapitel II.C), wonach Fluoreszenz — unabhängig von der Anregungswellenlänge — immer aus dem S_1-Zustand erfolgt, hat unter Einbeziehung der analogen Aussage für die Phosphoreszenz (Emission aus dem T_1-

Zustand) zu der berühmten „Kasha-Regel" geführt: „Only the lowest excited state of a given multiplicity is capable of emission". Aber Kasha selbst hat darauf hingewiesen, daß die „Regel" immer wieder experimenteller Überprüfung im Einzelfall bedarf, „instead of being taken for granted as is commonly done". Tatsächlich wurde 5 Jahre nach der Veröffentlichung der Kasha-Regel die erste Ausnahme gefunden: Die S_2-Fluoreszenz des Azulens (siehe Kapitel II.C).

Die Quantenausbeute $Q_{F(n)}$ der Fluoreszenz aus einem höheren Singlettzustand S_n $(n > 1)$ ist gegeben durch:

$$Q_{F(n)} = \frac{k_{FM(n)}}{k_{FM(n)} + k_n}. \tag{59}$$

Hierbei bedeuten $k_{FM(n)}$ die Geschwindigkeitskonstante der Fluoreszenz aus dem S_n-Zustand und k_n die Summe der Geschwindigkeitskonstanten aller strahlungslosen Übergänge aus diesem Zustand. In Näherung gilt:

$$k_n \simeq k_{GM(n)} \tag{60}$$

$(k_{GM(n)})$ = Geschwindigkeitskonstante des IC aus dem S_n-Zustand, siehe auch Abb. II.8a und Tabelle II.1a, Kapitel II.D).

Aus den früher diskutierten Gründen (siehe Kapitel II.C) ist $k_{GM(n)}$ in der Regel zwar immer sehr groß gegen $k_{FM(n)}$ und daher $Q_{F(n)}$ sehr klein. Aber niemals wird $k_{GM(n)} = \infty$ und nur in diesem Fall wäre $Q_{F(n)} = 0$. Aus dem gleichen Grund ist die Lebensdauer $\tau_{F(n)}$ der Fluoreszenz aus einem S_n-Zustand im allgemeinen sehr klein, aber nicht Null.

Das bedeutet aber, daß „Ausnahmen" von Kashas Regel in dem Maße gefunden werden sollten, wie die Instrumente zur Messung von Lumineszenzspektren resp. Lumineszenzabklingvorgängen hinsichtlich Empfindlichkeit resp. Zeitauflösung verbessert und auf unterschiedliche Verbindungen angewandt werden. In der Tat sind in den letzten Jahren zahlreiche Ausnahmen von Kashas Regel gefunden worden, d.h. bei vielen organischen Verbindungen hat man neben der intensiven S_1-Fluoreszenz auch schwache Lumineszenzen aus S_n-Zuständen beobachtet („Dualfluoreszenz").

Im weiteren Sinne bezeichnet man auch als Dualumineszenz, wenn bestimmte Verbindungen in unterschiedlichen Medien (Lösungsmittel) aus unterschiedlichen Anregungszuständen emittieren. Eine derartige Situation kann auftreten, wenn die Energien der beiden niedrigsten Anregungszustände einer Multiplizität durch Wechselwirkungen der lumineszierenden Verbindung mit dem Lösungsmittel unterschiedlich beeinflußt werden, so daß sich die energetische Reihenfolge der Zustände beim Wechsel des Lösungsmittels umkehrt (siehe auch Kapitel II.E). Die An- oder Abwesenheit von Wasserstoffbrücken zwischen lumineszierender Verbindung und Lösungsmittel oder innerer H-Brücken der lumineszierenden Verbindung, die Polarität des Lösungsmittels und ob die Lumineszenz aus dem Gleichgewichtszustand (Kapitel II.B) (in fluider Lösung) oder einem Franck-Condon-Zustand (in fester Lösung) erfolgt, sind in diesem Zusammenhang wichtige Faktoren.

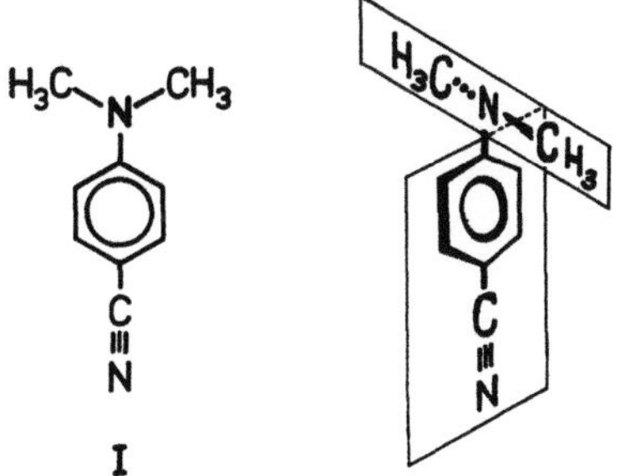

Abb. II.16. p-Cyano-N-Dimethyl-anilin (I) im (planaren) Franck-Condon-Zustand (links) und im TICT-Zustand (rechts)

Die Beobachtung von zwei Fluoreszenzen beim p-Cyano-N-Dimethyl-anilin (I) in Lösungsmitteln mittlerer Polarität, zum Beispiel Methylenchlorid, war der Ausgangspunkt zur Entwicklung eines theoretischen Konzepts, das eine mit dem experimentellen Material gut übereinstimmende Deutung der Dualfluoreszenz auch anderer Verbindungen gestattet. Nach Anregung von I durch Lichtabsorption erfolgt (1) Fluoreszenz aus dem planaren Franck-Condon-Zustand (Fluoreszenz a, in CH_2Cl_2 bei $28\,500$ cm^{-1}), (2) Übergang in einen Gleichgewichtszustand, in dem — wie in Abb. II.16 dargestellt — die N-Dimethyl-amino-Gruppe und der p-Cyanophenyl-Rest senkrecht zueinander orientiert sind und gleichzeitig eine vollständige Ladungstrennung erfolgt, wobei die N-Dimethyl-amino-Gruppe (Elektronendonor) die positive, der p-Cyanophenyl-Rest (Elektronenacceptor) die negative Ladung enthält („*T*wisted *I*ntramolecular *C*harge *T*ransfer" — (TICT)-Zustand), (3) Fluoreszenz aus dem TICT-Zustand (Fluoreszenz b, in CH_2Cl_2 bei $22\,500$ cm^{-1}), wobei diese Emission mit der Aufhebung der Ladungstrennung verbunden ist (Rückführung des Elektrons aus dem p-Cyanophenyl-Rest in die

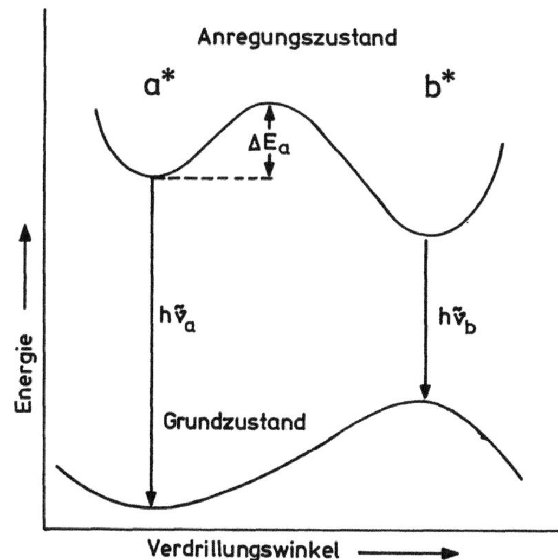

Abb. II.17. „Reaktionsprofil" der Anregung einer TICT-Fluoreszenz. Die obere Kurve symbolisiert die Potentialhyperfläche des Moleküls im Anregungszustand, die untere Kurve die des Moleküls im Grundzustand. ΔE_a bezeichnet die Aktivierungsbarriere zwischen dem planaren Franck-Condon- und dem TICT-Zustand

N-Dimethyl-amino-Gruppe). In Abb. II.17 sind die Verhältnisse in Form eines „Reaktionsprofils" dargestellt. Als „Reaktionskoordinate" dient der Verdrillungswinkel zwischen N-Dimethyl-amino-Gruppe und p-Cyanophenyl-Rest. Wie ersichtlich liegt zwischen dem durch Lichtabsorption erreichten Franck-Condon-Zustand a* und dem TICT-Zustand b* eine Aktivierungsbarriere. Der Grund, daß die b-Fluoreszenz längerwellig als die a-Fluoreszenz auftritt ist offensichtlich: Der verdrillte Zustand wird durch Ladungstrennung stabilisiert und vice versa.

TICT-Zustände scheinen im übrigen häufig vorzukommen und sind nicht nur in vielen Fällen die Ursache für Dualfluoreszenz sondern auch für spezielle Lösungsmittel- und Temperatureffekte, die in der Fluoreszenz von π-Elektronensystemen beobachtet wurden.

H. Elektronische Anregungsenergie in organischen Kristallen

Organische π-Elektronensysteme ohne Heteroatome bilden Kristallgitter, in denen die Moleküle durch schwache Van der Waals-Kräfte zusammengehalten werden. In erster Näherung kann ein derartiger molekularer Kristall als ein System von N räumlich orientierten aber nicht wechselwirkenden Molekülen, d.h. als ein „orientiertes Gas", aufgefaßt werden. Wird ein Molekül des Systems elektronisch angeregt, so ist die Übertragung der Energie auf irgendein anderes Molekül nicht mit einer Änderung der Gesamtenergie des Systems verbunden, d.h. das „orientierte Gas" ist in bezug auf die elektronische Anregung der Moleküle N-fach „entartet".

Im realen Kristall wechselwirkt jedoch das elektronisch angeregte Molekül mit den nicht-angeregten Molekülen durch Coulomb- und Elektronenaustausch-Kräfte, wodurch die Entartung aufgehoben wird. Einem elektronischen Anregungszustand im isolierten Molekül entsprechen bei Wechselwirkung mit N identischen Molekülen im Kristall N Anregungszustände mit unterschiedlichen Energien. Nimmt man ausschließlich Coulomb- (Dipol–Dipol)-Wechselwirkung an, so fällt die Wechselwirkung mit der dritten Potenz des Abstandes r zwischen den Molekülen. Es ist daher zulässig, in Näherung nur die Wechselwirkung zwischen den Molekülen zu berücksichtigen, die sich in einer Einheitszelle befinden. Aus einem elektronischen Anregungszustand des isolierten Moleküls, der sich durch eine Wellenfunktion ψ_i beschreiben läßt, ergeben sich im Kristall für N = 2 (= 2 Moleküle pro Einheitszelle) zwei „Excitonen-Zustände" ψ_α und ψ_β, deren Energiedifferenz proportional M^2/r^3 ist, wobei M das Übergangsmomentintegral der Anregung bedeutet (siehe Kapitel II.A und II.B). In diesem Fall beobachtet man im Kristall zwei Übergänge anstelle eines Übergangs im isolierten Molekül („Davydov-Aufspaltung").

Die den Excitonen-Zuständen entsprechenden Übergangsenergien E_c sind von der Form:

$$E_c = E_0 + A \pm B. \tag{61}$$

Hierbei bedeuten E_0 die Energie des Übergangs im isolierten Molekül, A, das positiv oder negativ sein kann, einen „Lösungsmittelparameter" (der Einflüsse der Umgebung auf das angeregte Molekül berücksichtigt) und 2B den Davydov-Aufspaltungs-Parameter. Für Singlett–Singlett-Absorptionsübergänge mit molaren Extinktionskoeffizienten ε von etwa 10^5 liegt 2B in der Größenordnung von 10^3 cm^{-1}, mit ε etwa 10^4 in der Größenordnung von 10^2 cm^{-1}, während sich für die sehr schwachen Singlett–Triplett-Übergänge 2B-Werte von etwa 10 cm^{-1} ergeben.

Abgesehen von den spektralen Verschiebungen und Aufspaltungen der Übergänge, die im molekularen Kristall gegenüber dem isolierten Molekül beobachtet werden, ist die wichtigste spektroskopische Eigenschaft organischer Kristalle die „Wanderung" der Anregungsenergie: Ein im Kristall befindliches angeregtes Molekül kann sehr rasch seine Anregungsenergie auf ein anderes Molekül übertragen, das wiederum die aufgenommene Anregungsenergie weitergibt und so fort. Auf diese Weise wird die Anregungsenergie delokalisiert. Quantenmechanisch kann man diese Delokalisierung der Anregungsenergie mit „Excitonenwellen" beschreiben, die die Energie durch den Kristall transportieren. Die Entfernungen, über die Anregungsenergie im Kristall weitergegeben wird, hängen von den Lebensdauern der Anregungszustände im isolierten Molekül ab. So wird Singlett-Anregungsenergie (die Lebensdauern der elektronisch angeregten Zustände liegen in der Größenordnung von 10^{-8} s) über Entfernungen von einigen hundert Angström, Triplett-Anregungsenergie (Lebensdauern in der Größenordnung von 10^{-1} s) von einigen Mikron transportiert.

Die Wanderung der Anregungsenergie im Kristall wird lokal abgebrochen, wenn die Excitonenwelle auf ein Zentrum (Fremdmolekül oder Kristalldefektstelle) stößt, das einen elektronischen Anregungszustand mit niedrigerer Energie als die der Excitonenwelle hat. Jetzt liegen die für eine irreversible Energieübertragung erforderlichen Voraussetzungen vor: Die Excitonenwelle wechselwirkt mit dem Störzentrum, überführt dieses in einen elektronischen Anregungszustand, der seine Energie als Lichtemission abgeben oder strahlungslos verlieren kann. Wegen der relativ großen Entfernungen, über die die Excitonenwelle Anregungsenergie im Kristall transportiert, ist die Wahrscheinlichkeit, daß die Excitonenwelle ein Störzentrum findet groß, auch wenn die Konzentration an Störzentren niedrig ist. Das ist der Grund, warum ein auch nur wenig verunreinigter Kristall in der Regel ausschließlich die (sensibilisierte) Fluoreszenz der Verunreinigung und nicht der Matrix emittiert (siehe Kapitel II.F). Da die Weglänge des Transports von Anregungsenergie im Kristall proportional der Lebensdauer des entsprechenden Anregungszustandes im isolierten Molekül ist, wird Phosphoreszenz, die von der Matrix und nicht von einer Verunreinigung stammt, nur bei Verbindungen mit sehr kurzer Triplett-Lebensdauer beobachtet.

In einem thermisch aktivierten Prozeß kann ein Störzentrum seine Triplettenergie in das Energieband der Triplett-Excitonenwelle der Matrix übertragen (siehe Kapitel II.D). Approximativ, aber anschaulich kann man sich vorstellen, daß die Triplettenergie des Störzentrums von der Excitonenwelle so lange „mitgeführt" wird, bis diese auf ein zweites Triplett-Störzentrum stößt. Durch Triplett-Triplett-Annihilation gelangt das zweite Störzentrum in einen Singlett-Anregungszustand, der seine Energie als P-Typ-verzögerte Fluoreszenz abgeben kann (Kapitel II.C).

I. Lumineszenz von Metallsalzen und Chelaten in Lösung

Die Ionen einiger Metalle zeigen Fluoreszenz in Lösung. Beispiele sind das Uranyl-Ion (UO_2^{2+}) und die Lanthaniden-Ionen. Die Fluoreszenz der Lanthaniden-Ionen kommt im wesentlichen durch Übergänge von f-Elektronen zustande, die gut abgeschirmt sind gegenüber der Umgebung. Das Resultat ist, daß die Spektren aus sehr scharfen Linien bestehen, wie sie ähnlich in Atomspektren (siehe Kapitel II.A) beobachtet werden. In einigen Fällen emittieren Lanthaniden-Ionen auch Phosphoreszenz.

Zahlreiche Metallchelate zeigen Fluoreszenz und/oder Phosphoreszenz in Lösung. In der Mehrzahl der untersuchten Fälle stammt die Lumineszenz aus dem organischen Liganden und nicht aus dem komplexierten Metall-Ion. Aber das Metall-Ion beeinflußt die Liganden-Lumineszenz in charakteristischer Weise. Die Wechselwirkung zwischen organischem Liganden und Metall-Ion in Chelaten kann in Näherung als eine Säure–Base-Wechselwirkung aufgefaßt werden, wobei der Ligand als Lewis-Base (Elektronenpaar-Donor) und das Metall-Ion als Lewis-Säure (Elektronenpaar-Acceptor) fungieren. Die Komplexierung führt in der Regel zu einer langwelligen Verschiebung der Liganden-Absorption und -Fluoreszenz gegenüber den Spektren des freien Liganden. Bei gleichem organischen Liganden ist die Rotverschiebung der Spektren durch Übergangsmetall-Ionen wesentlich größer als durch Nicht-Übergangsmetall-Ionen. Dies ist darauf zurückzuführen, daß Übergangsmetall-Ionen ein Elektron aus einem d-Orbital in ein nicht besetztes π-Orbital des Liganden überführen. Durch diese Charge-Transfer-Wechselwirkung wird der elektronische Anregungszustand des komplexierten Liganden relativ zum Grundzustand stärker stabilisiert.

Häufig wird die Fluoreszenz oder Phosphoreszenz des freien Liganden durch Chelatisierung mit Metall-Ionen gelöscht. In vielen Fällen lassen sich die Beobachtungen als innere Schweratom-Effekte (Kapitel II.D) verstehen. Wie aus den im Kapitel II.D diskutierten Zusammenhängen leicht ableitbar ist, gilt für das Verhältnis der Quantenausbeuten von Phosphoreszenz Q_p und Fluoreszenz Q_f in Näherung:

$$\frac{Q_p}{Q_f} = \frac{k_{TM}}{k_{FM}}. \tag{62}$$

Hierbei bedeuten k_{TM} die Geschwindigkeitskonstante des ISC, k_{FM} die der Fluoreszenz (siehe auch Abb. II.8a und Tabelle II.1a) und die Näherung besteht darin, daß die strahlungslose Desaktivierung des Triplett-Zustandes vernachlässigt wurde ($k_{GT} = 0$). In Tabelle II.2 sind die in fester Lösung bei 77 K beobachteten Q_p/Q_f-Verhältnisse sowie die mittleren Phosphoreszenz-Lebensdauern τ_p einiger Chelate des Dibenzoylmethans mit den drei-wertigen Ionen von Al, Sc, Y, Lu, Gd und La angegeben. Mit steigender Ordnungszahl des Metalls nimmt Q_p/Q_f zu und τ_p ab, entsprechend einem inneren Schweratomeffekt. Von den untersuchten Metall-Ionen ist Gd^{+3} das einzige, das paramagnetisch ist, und der besonders starke Effekt auf Q_p/Q_f und τ_p kann auf eine Überlagerung der elektrischen Spin-Bahn-Kopplungs-Störung (Kapitel II.D) durch eine magnetische Spin-Bahn-Kopplungs-Störung zurückgeführt werden. In gleicher Weise kann die Beobachtung interpretiert werden, daß Phthalocyanine mit diamagnetischen Metallionen wie Mg^{+2} oder Zn^{+2} intensive Fluoreszenz zeigen, während Phthalocyanine mit paramagnetischen Ionen wie Ni^{+2} nur phosphoreszieren.

Tabelle II.2. Phosphoreszenzeigenschaften von Chelaten des Dibenzoylmethans mit drei-wertigen Metallionen[a]

Metall	Ordnungszahl	Q_p/Q_f	τ_p (s)
Al	13	–	0,50
Sc	21	0,15	0,30
Y	39	0,43	0,24
Lu	71	1,16	0,12
La	57	2,32	0,09
Gd	64	keine Fluoreszenz nachweisbar	0,002

[a] P. Yuster, S. J. Weissman: J. Chem. Phys. *17*, 1182 (1949). Alle Messungen bei 77 K, Gd-Chelat in Alkohol, die übrigen Chelate in EPA.

In relativ seltenen Fällen stammt die Lumineszenz der Chelate nicht vom Liganden sondern vom Metall-Ion. Die Lichtenergie wird vom Liganden aufgenommen, aber die Lumineszenz kommt durch d-Orbital-Übergänge des Metall-Ions zustande. Dieses Phänomen wird besonders bei Chelaten von Lanthaniden-Ionen, z.B. Eu^{+3}, beobachtet. Die Bandenbreiten der Fluoreszenz sind extrem klein (ähnlich wie bei Atomspektren), was darauf zurückzuführen ist, daß die Übergänge im Metall-Ion lokalisiert sind und nicht mit den Schwingungs- und Rotationstermen des Liganden koppeln.

Literatur zu Kapitel II

Monographien zum Gesamtgebiet:

1. Murrell, J. N.: Elektronenspektren Organischer Moleküle. Mannheim: Bibliographisches Institut 1967
2. Schulman, S. G.: Fluorescence and Phosphorescence Spectroscopy. Oxford: Pergamon Press 1977
3. Birks, J. B.: Photophysics of Aromatic Molecules. London: Wiley-Interscience 1970
4. Hercules, D. M. (ed.): Fluorescence and Phosphorescence Analysis. New York: Interscience Publishers 1966
5. Winefordner, J. D., Schulman, S. G., O'Haver, T. C.: Physical Basis of Molecular Luminescence in Solution in Luminescence Spectrometry in Analytical Chemistry. London: Wiley-Interscience 1972

Ausgewählte Originalarbeiten zu speziellen Themen:

1. E-Typ-verzögerte Fluoreszenz (Kapitel II.D): Zander, M.: Z. Naturforschung *30a*, 1097 (1975)
2. Thermisch aktivierte Triplett–Triplett-Energieübertragung (Kapitel II.D): a) Zander, M.: Ber. Bunsenges. *68*, 301 (1964). b) Dreeskamp, H., Zander, M.: Z. Naturforsch. *28a*, 45 (1973)

3. Lumineszenzverhalten der Acenchinone (Kapitel II.E): a) Zander, M.: Ber. Bunsenges. *71*, 424 (1967). b) Olbrich, G., Polansky, O. E., Zander, M.: Ber. Bunsenges. *81*, 692 (1977)

4. Fluoreszenzlöschung im äußeren Schweratomeffekt (Kapitel II.F): a) Dreeskamp, H., Koch, E., Zander, M.: Ber. Bunsenges. *78*, 1328 (1974). b) Zander, M.: Z. Naturforsch. *33a*, 998 (1978)

5. Fluoreszenzlöschung durch Elektronenübertragung (Kapitel II.F): a) Leonhardt, H., Weller, A.: Z. physik. Chem. NF *29*, 277 (1961). b) Breymann, U. Dresekamp, H., Koch, E., Zander, M.: Chem. Phys. Lett. *59*, 68 (1978)

6. TICT-Zustände (Kapitel II.G): Grabowski, Z. R., Rotkiewicz, K., Siemiarczuk, A., Cowley, D. J., Baumann, W.: Nouveau J. Chimie *3*, 443 (1979)

7. Theorie der strahlungslosen Übergänge (Kapitel II.C): Robinson, G. W., Frosch, R. P.: J. Chem. Phys. *38*, 1187 (1963)

Kapitel III

Methodische Grundlagen der Fluorimetrie

A. Fluoreszenzspektroskopie als Analysenmethode

Die optimale Nutzung der Fluoreszenz organischer und anorganischer Verbindungen für analytische Zwecke, d. h. zum qualitativen Nachweis und zur quantitativen Bestimmung der fluoreszierenden Verbindungen, setzt die spektrale Zerlegung des Fluoreszenzlichtes voraus. Nur in diesem Sinne wird hier der Term „Fluorimetrie" — exakter „Spektrofluorimetrie" — verwendet.

Das Fluoreszenzspektrum als analytisch wichtigster Fluoreszenzparameter einer Verbindung ist „substanzspezifisch" und ändert sich im allgemeinen nicht durch die Anwesenheit anderer Verbindungen in der zu untersuchenden Probe. Die wichtigsten analytischen Anwendungen der Fluoreszenz bestehen daher im Nachweis und der Konzentrationsbestimmung definierter Spezies in Substanzmischungen. Es gibt mehrere Methoden, die für diesen Zweck geeignet sind — die Absorptionsspektroskopie im ultravioletten und sichtbaren Spektralbereich ist ein Beispiel — und die analytische Anwendung der Fluoreszenz erscheint nur sinnvoll, wenn sie gegenüber anderen bekannten Methoden zur Substanzidentifizierung und Konzentrationsbestimmung grundsätzliche Vorteile aufweist oder zumindest diese anderen Methoden in speziellen Fällen ergänzt.

Die herausragenden methodischen Merkmale der Fluorimetrie sind ihre hohe Empfindlichkeit und hohe Selektivität. Beide Merkmale sind zum Teil im Fluoreszenzphänomen selbst, zum Teil in der Instrumentation und der Art der Durchführung fluorimetrischer Analysen begründet.

Die Empfindlichkeit einer Analysenmethode kann durch den Gradienten der „Analysenfunktion", d. h. durch den Ausdruck dS/dC beschrieben werden, wobei S das von der Probe stammende analytische Meßsignal, C die Konzentration der zu bestimmenden Spezies bedeuten. Im linearen Teil von fluorimetrischen Analysenfunktionen (siehe Kapitel III.F.1) ist dS/dC gegeben durch:

$$\frac{dS}{dC} = Q_F I_0 \varepsilon_m K_a . \tag{1}$$

Hierbei bedeuten Q_F die Fluoreszenzquantenausbeute der Spezies, ε_m den molaren Extinktionskoeffizienten bei der zur Anregung der Fluoreszenz verwendeten Wellenlänge m, I_0 die Intensität des Anregungslichtes und K_a eine Apparate-Konstante. Obschon $Q_F \leq 1$ ist, ergeben sich große dS/dC, wenn günstige instrumentelle Voraussetzungen (K_a) vorliegen und mit hoher Intensität I_0 in eine starke Absorptionsbande (ε_m) der Spezies angeregt wird.

Außer durch den Gradienten der Analysenfunktion kann die Empfindlichkeit einer analytischen Methode durch „Nachweisgrenzen" (untere analytisch nachweisbare Konzentrationen) und „Signal-zu-Rausch-Verhältnisse" charakterisiert werden. In Tabelle III.1 sind für fluorimetrische Bestimmungen organischer Verbindungen und einiger Elemente Nachweisgrenzen (in 10^{-9} g/ml) angegeben, während in Tabelle III.2 Nachweisgrenzen für ausgewählte polycyclische aromatische Kohlenwasserstoffe in der UV-Absorptionsspektralphotometrie, Phosphorimetrie und Fluorimetrie gegenübergestellt sind. Wie ersichtlich liegen die fluorimetrischen Nachweisgrenzen sehr niedrig und häufig unter denen der UV-Spektroskopie. Für die gleiche Substanz ist das Verhältnis der Nachweisgrenzen $L_{A/F}$ von UV-Absorptionsspektroskopie A und Fluorimetrie F:

$$L_{A/F} = S_{F/A} N_{A/F}.\tag{2}$$

Fluorimetrie ist empfindlicher als UV-Absorption (die Nachweisgrenzen L liegen niedriger) wenn $L_{A/F}$ größer 1 ist. Zwar ist das Signal-Verhältnis $S_{F/A}$ von Fluoreszenz und Absorption für die meisten organischen Substanzen kleiner 1 (etwa 10^{-3}), aber andererseits das Rauschverhältnis N_A/N_F von Absorption und Fluoreszenz — wobei die grundsätzlich mögliche Durchführung beider Messungen in der gleichen Apparatur angenommen wird — deutlich größer 1 (etwa 10^4), so daß sich niedrigere Nachweisgrenzen für die Fluorimetrie als für die UV-Absorption ergeben.

Tabelle III.1. Fluorimetrische Nachweisgrenzen

Verbindung resp. Element	Nachweisgrenze (10^{-9} g/ml)
1. Aromatische Kohlenwasserstoffe[a]	
Benzo[a]pyren	3
Benzo[ghi]perylen	5
Dibenz[a, c]anthracen	7
20-Methyl-cholanthren	8
2. Heterocyclische Verbindungen	
Warfarin[b]	1
Tetrahydrocannabinol[c]	1
Adenin[d]	30
3. Elemente	
Phosphor[e]	0,0006
Quecksilber[f]	2
Wolfram[g]	40

[a] L. V. S. Hood, J. D. Winefordner: Anal. Chim. Acta *42*, 199 (1968).
[b] H. H. Hollifield, J. D. Winefordner: Talanta *14*, 103 (1967).
[c] J. L. Valentine, P. Psaltis: Ann. Lett. *12 B*, 855 (1979).
[d] H. Yuki, C. Sempuku, M. Park, H. Isemura, K. Takiura: Anal. Biochem. *57*, 290 (1974).
[e] D. W. Schultz, J. V. Passoneau, O. H. Lowry: Anal. Biochem. *19*, 300 (1967).
[f] H. Imai: Nippon Kagaka Zasshi *90*, 275 (1969).
[g] T. S. West: Chemical Spectrophotometry in Trace Characterization, in Trace Characterization, Chemical and Physical (W. W. Meinke, B. F. Scribner, ed.). Nat. Bur. Std. Monogr. 100, Washington, D. C. 1967.

Tabelle III.2. Spektroskopische Nachweisgrenzen für polycyclische aromatische Kohlenwasserstoffe $(10^{-9}$ g/ml$)$[a]

	UV-Absorption	Fluorimetrie	Phosphorimetrie
Benz[a]anthracen	30	30	50
Dibenz[a, h]anthracen	10	8	20
Triphenylen	50	100	2
Pyren	40	2	400
Dibenzo[a, e]pyren	80	7	600
Dibenzo[a, i]pyren	80	50	500

[a] Werte für Triphenylen von H. D. Sauerland, M. Zander: Erdöl und Kohle *19*, 502 (1966), alle übrigen von L. V. S. Hood, J. D. Winefordner: Anal. Chim. Acta *42*, 199 (1968).

Die Leistungsfähigkeit einer Analysenmethode wird deutlich, wenn sie auf ein aus n Komponenten bestehendes Gemisch angewendet wird. Ist m die Zahl der analytisch geeigneten Signale zur Bestimmung der einzelnen Komponenten und ist der Fall gegeben, daß zur Bestimmung jeder Komponente nur *ein* analytisches Signal benötigt wird, so erfordert die vollständige Analyse:

$$\frac{m}{n} = 1. \tag{3}$$

Mit zunehmendem n wird in der Regel m/n kleiner 1 werden: Nicht alle Komponenten der Mischung lassen sich quantitativ bestimmen. Diese Beschreibung bezieht sich auf die „Auflösung" der Methode. Vergleicht man in dieser Hinsicht UV-Absorptionsspektralphotometrie und Fluorimetrie (beide durchgeführt in fluider Lösung bei Raumtemperatur), so ist die „Auflösung" der Fluorimetrie im allgemeinen wesentlich geringer: In der Regel enthält das Fluoreszenzspektrum einer Mischung deutlich weniger Signale (Banden), die zur Bestimmung der einzelnen Komponenten geeignet sind, als das Absorptionsspektrum.

Die „Selektivität" einer Analysenmethode, die auf ein n-Komponentengemisch angewendet wird, ist um so größer, je kleiner die Zahl der beobachteten Signalensembles ist, die von jeweils einer Substanz der Mischung stammen: Im Grenzfall liefert von den n Komponenten der Mischung nur eine Komponente ihr analytisch verwertbares Signalensemble.

Das bedeutet in der Fluorimetrie, daß man Bedingungen realisiert, unter denen von den n in der Mischung anwesenden Komponenten nur eine zur Fluoreszenz angeregt resp. das Signal von nur einer Komponente empfangen wird. In der Tat ist dies durch Anwendung geeigneter fluorimetrischer Techniken (siehe Kapitel III.D und IV) in vielen Fällen möglich. Etwas Ähnliches erlaubt die UV-Absorptionsspektralphotometrie nicht: Das UV-Spektrum einer Mischung ist immer die Superposition der einzelnen Spektren aller in der Mischung vorhandenen Substanzen. Es ist ein charakteristischer Unterschied zwischen UV-Spektroskopie und Fluorimetrie, daß man in der Fluorimetrie mehr analytisch nutzbare Parameter zur Verfügung hat als in der UV-Spektroskopie. Prinzipiell sind die unter-

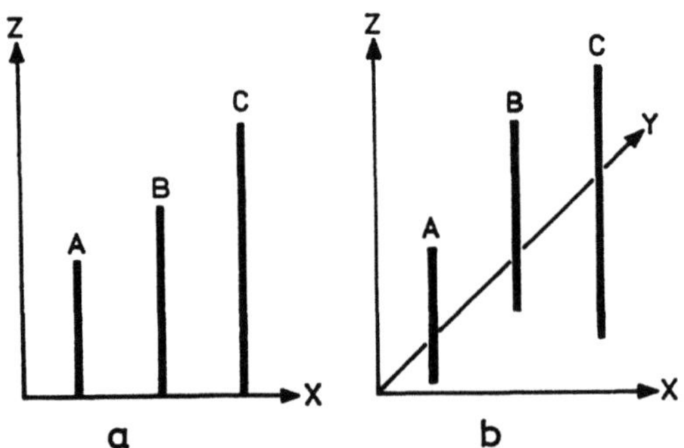

Abb. III.1. Schematische Darstellung der „Selektivität" von Analysenmethoden mit einem (a) resp. zwei (b) analytisch nutzbaren Parametern am Beispiel einer 3-Komponenten-Analyse (Komponenten A, B, C). Die Beträge der analytisch nutzbaren Parameter sind auf der z- resp. z- und y-Achse abgetragen

schiedlichen Situationen in den Abb. III.1a und b dargestellt. Für die Komponenten A, B, C einer Mischung (x-Koordinate) ist in Abb. III.1a auf der z-Koordinate ein analytisch nutzbarer Parameter aufgetragen (z.B. die Bandenlagen in den Absorptions- oder Fluoreszenzspektren). Die Komponenten A und B haben für eine analytische Separierung zu ähnliche Beträge dieser Parameter. Unterscheiden sich die Komponenten A und B jedoch in einem weiteren analytisch nutzbaren Parameter (z.B. der Fluoreszenzlebensdauer), so ergibt sich die in Abb. III.1b dargestellte Situation. Die Darstellung III.1b läßt sich auf einen n-dimensionalen Raum ausdehnen. Die Zahl n der analytisch nutzbaren Parameter ist in der Fluorimetrie deutlich größer als in der UV-Spektroskopie.

Entsprechend Gl. (3) für eine n-Komponentengemisch-Analyse ergibt sich jetzt:

$$\frac{m_i}{n} + \frac{m_j}{n} + \frac{m_k}{n} + \ldots = 1, \tag{4}$$

wobei m_i, m_j, m_k, ... die Mengen der Signalarten i, j, k, ... bedeuten. Obwohl bei fluorimetrischen Analysen die einzelnen Summanden $m_{i,j,k}/n$ kleine Beträge haben können, ergibt die Anwendung unterschiedlicher und in analytischer Hinsicht komplementärer Techniken in vielen Fällen eine sehr hohe „Auflösung".

Aus dem Voranstehenden folgt, daß die Anwendung der Fluoreszenz als Analysenmethode immer dann von Vorteil sein kann, wenn die Erfassung von Komponenten, die in sehr niedrigen Konzentrationen in einer Probe vorliegen, mit hoher Selektivität notwendig ist. Fluorimetrische Analysen erfordern keine chemische oder thermische Beanspruchung der Probe, so daß chemisch/thermisch labile Substanzen analysiert werden können. Damit ist die Fluorimetrie auch anwendbar zur Erfassung von Komponenten, die sich in einer chemisch/thermisch labilen Matrix befinden. Konsequenterweise wird die Fluorimetrie bevorzugt in der Umweltanalytik, biochemischen und klinischen Analytik und zur Spurenbestimmung in Reinstoffen angewandt.

Wie bei allen Analysenmethoden besteht auch in der Fluorimetrie der Arbeitsgang aus

Probenvorbereitung → Messung → Datenauswertung.

Meist wird in einem inerten Lösungsmittel bei Raum- oder tiefer Temperatur gearbeitet. Die angewandten Konzentrationen liegen im allgemeinen sehr niedrig. Hinsichtlich des Lösungsmittels bestehen große Möglichkeiten der Variation. Daraus ergibt sich, daß Löslichkeitsprobleme — auch bei extrem schwerlöslichen Substanzen — in der Regel nicht auftreten. Exemplarisch sei Hexabenzocoronen (I) genannt, dessen extreme Schwerlöslichkeit in organischen Lösungsmitteln sich schon in seinem hohen Schmelzpunkt von $>1000\,°C$ ausdrückt. In 1-Methylnaphthalin ließ sich das Fluoreszenzspektrum von I problemlos erhalten.

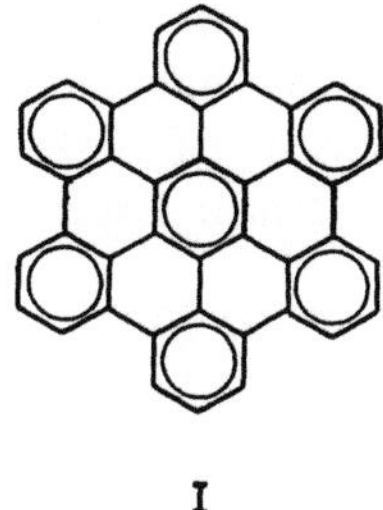

I

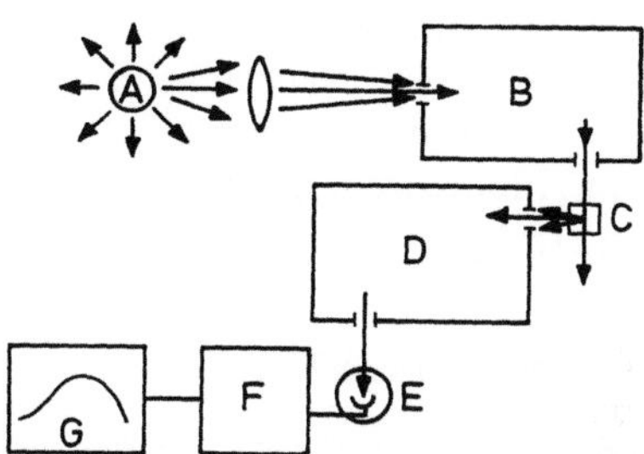

Abb. III.2. Schematische Darstellung eines Fluoreszenzspektrometers (nähere Erläuterungen siehe Text)

Die fluorimetrischen Messungen erfolgen in einem Fluoreszenzspektrometer (Abb. III.2). Das Licht der Anregungsquelle A wird in einer Dispersionseinheit B (Anregungsmonochromator) spektral zerlegt. Das B verlassende weitgehend monochromatische Licht vorgegebener Wellenlänge fällt auf die in einer Küvette C befindliche Untersuchungslösung und regt dort die Fluoreszenz der Probe an. Das Fluoreszenzlicht wird in der Dispersionseinheit D (Emissionsmonochromator) spektral zerlegt und das Fluoreszenzspektrum mittels der aus Detektor E, Verstärker F und x, y-Schreiber G bestehenden Registriereinheit aufgezeichnet. Details der Instrumentation und Meßtechnik sind in den folgenden Kapiteln beschrieben.

Für die qualitative fluorimetrische Analyse sind authentische Referenzspektren erforderlich. Eine sehr nützliche Quelle ist das „Handbook of Fluorescence Spectra of Aromatic Molecules" von I. B. Berlman [1], das etwa 100 Spektren enthält. Zahlreiche weitere Spektren finden sich in der Zeitschriften-Literatur, vornehmlich in analytischen und physikalisch-chemischen Journalen. Hat man von einer unbekannten Probe keine weitere Information als das Fluoreszenzspektrum, so ist eine eindeutige Identifizierung durch den Vergleich mit Referenzspektren häufig nicht möglich. Zum Beispiel haben Substanzen mit gleichem chromophoren System, die sich nur durch Art und/oder Zahl von Alkyl-Substituenten unterscheiden, sehr ähnliche Fluoreszenzspektren. In solchen Fällen sind zusätzliche fluoreszenzspektroskopische (z.B. Fluoreszenzlebensdauer) und mit anderen Methoden erhaltene Informationen zur Identifizierung erforderlich.

Die quantitative fluorimetrische Analyse setzt Eichkurven (Analysenfunktionen) voraus, die an reinen Referenzmaterialien erhalten werden. Dabei ist es von großer Bedeutung, daß die eigentliche Probenmessung und die Messung der Eichkurve unter identischen Bedingungen erfolgen. Die Standardabweichungen fluorimetrischer Intensitätsmessungen liegen bei sorgfältiger Proben-Vorbereitung und Messung sowie guter Instrumentation niedrig und sind vergleichbar mit denen von UV-absorptionsspektroskopischen Messungen, d.h., auch in quantitativer Hinsicht ist die Fluorimetrie eine sehr leistungsfähige Methode.

B. Instrumentation

Die prinzipielle Beschreibung eines Fluoreszenzspektrometers wurde im Kapitel III.A gegeben. Nachstehend werden Details der Instrumentation soweit behandelt, wie dies notwendig erscheint, um dem Leser die Beurteilung der Leistungsfähigkeit von Fluoreszenzspektrometern und den optimalen Umgang mit diesen Geräten zu ermöglichen.

1. Anregungsquellen

Die elementare Größe zur Beschreibung von Anregungsquellen (Strahlungsquellen) ist der „Strahlungsfluß", das ist die Gesamtenergie, die von der Strahlungsquelle in der Zeiteinheit emittiert wird. Die meist verwendete Einheit, in der der Strahlungsfluß angegeben wird, ist das Watt. In der Praxis wird selten der gesamte Strahlungsfluß einer Quelle genutzt, sondern nur der von einer begrenzten Fläche der Quelle ausgehende Anteil. Dieser nutzbare Strahlungsfluß wird ausgedrückt in Watt pro Quadratzentimeter genutzter Strahlungsfläche. Schließlich ist meist die Kenntnis der Quellenintensität in einer vorgegebenen Richtung (die von der Geometrie der Quelle und/oder der optischen Anordnung des Spektrometers abhängt) wichtiger als die Kenntnis des gesamten Strahlungs-outputs. Die gerichtete Quellenintensität wird ausgedrückt in Watt pro Quadratzentimeter pro Steradiant.

Prinzipiell können Strahlungsquellen danach unterschieden werden, ob sie ein „kontinuierliches Spektrum" (Strahlungskontinuum) oder ein „Linienspektrum" emittieren. In Abb. III.3 sind als Beispiel für Strahlungsquellen mit kontinuierlichem resp. Linienspektrum die spektralen outputs einer Xenon- und Quecksilberdampflampe angegeben.

Die am häufigsten in Fluoreszenzspektrometern verwendeten Anregungsquellen sind Gasentladungslampen. Sie besitzen relativ hohe Strahlungsintensität, emittieren über einen weiten Wellenlängenbereich (von etwa 200 nm bis ins nahe Infrarot, siehe Abb. III.3) und sind relativ billig. Quecksilberdampf-, Xenon- und Quecksilber-Xenon-Lampen sind die wichtigsten Typen. Die wesentlichen Eigenschaften dieser Lampen sind vom Gas- resp. Metalldampfdruck unter Arbeitsbedingungen abhängig. Lampen mit einem Gas/Metalldampfdruck unter 10 mmHg werden als Niederdruck-Lampen, mit einem Druck oberhalb 10 mmHg als Hochdruck-Lampen bezeichnet. Mit steigendem Gas- resp. Metalldampfdruck nimmt die Strahlungsintensität zu, was die Verwendung von Hochdruck-Lampen als Erregerlichtquellen in Fluoreszenzspektrometern favorisiert; andererseits zeichnen sich Niederdruck-Lampen durch höhere Stabilität aus. In Fluoreszenzspektrometern werden überwiegend Hochdruck-Lampen verwendet, deren spezifische

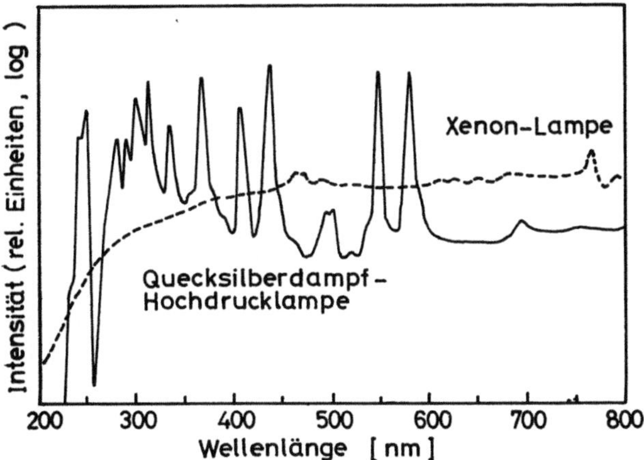

Abb. III.3. Strahlungscharakteristik einer Quecksilberdampf-Hochdrucklampe (Osram HBO 100, ausgezogene Kurve) und einer Xenon-Lampe (PEK 75, gestrichelte Kurve). (Bei 400 nm beträgt der nutzbare Strahlungsfluß der Hg-Lampe etwa 8 und der Xe-Lampe etwa 0,08 Watt · cm^{-2} Ster.) (nach M. D. Lumb (ed.): Luminescence Spectroscopy, London–New York–San Francisco: Academic Press 1978)

Nachteile durch geeignete (elliptische) Formgebung und andere Maßnahmen weitgehend minimiert sind.

In der Fluorimetrie ist es notwendig, die Erregerintensität konstant zu halten. Dies ergibt sich unmittelbar aus Gl. (1) (Kapitel III.A), wonach die Fluoreszenzintensität unter sonst gleichen Bedingungen direkt proportional der Intensität I_0 des Anregungslichtes ist. In der Literatur sind zahlreiche Maßnahmen zur Stabilisierung von Erregerlichtquellen beschrieben [2]. Eine prinzipiell andere Möglichkeit besteht darin, die Lampenhelligkeitsschwankungen zu messen und den Fluoreszenz-output durch diese Daten zu dividieren [3]. Dies ist jedoch mit einem Analogrechner über einen weiten dynamischen Bereich schwierig. Häufig ist es wünschenswert oder unverzichtbar, die Erregerlichtquelle zu pulsen. Modulatoren für diesen Zweck sind in der Literatur zahlreich beschrieben [4]. Zum Beispiel wird eine Xenon-Lampe getriggert durch einen Hochspannungs-Trigger-Impuls, der zur Ionisierung des Füllgases der Lampe führt.

Die Energie, die in einem Kondensator gespeichert ist, wird dann durch die Lampe schnell entladen, wobei sie einen intensiven Lichtblitz aussendet. Die Dauer t_b (s) des Blitzes hängt im wesentlichen von der Kapazität C des Kondensators und von der Versorgungsspannung V ab und ist näherungsweise gegeben durch:

$$t_b = K_L \frac{C}{V^{2/3}} . \tag{5}$$

K_L enthält eine Lampen-Konstante und einen Proportionalitätsfaktor. Die kürzesten und intensivsten Blitze werden erzeugt, wenn der Kondensator eine kleine Kapazität hat und die Versorgungsspannung groß ist (Gl. (5)).

In zunehmendem Maße werden Laser als Anregungsquellen in Fluoreszenz-spektrometern verwendet. Gegenüber klassischen Lichtquellen haben Laser meh-rere Vorteile: Extrem hohe Leuchtdichte und Monochromasie sowie geringes Rauschen. Durchstimmbare Laser sind von besonderer Bedeutung und für spe-zielle Zwecke stehen gepulste Laser zur Verfügung [5]. Der Helium/Cadmium-Laser liefert (kontinuierlich) Anregungslicht bei 442 und 325 nm. Der Argon-Ion-Laser kann auf verschiedene Wellenlängen im grünen und blauen sowie im ultra-violetten Spektralbereich durchgestimmt werden. Intensive gepulste Anregung bei 337 nm gestattet die Verwendung des Stickstoff-Lasers. Insgesamt sind zahlreiche kontinuierlich oder gepulst arbeitende Laser für die Anregung im ultravioletten und sichtbaren Spektralbereich bekannt und viele von ihnen sind auch kommerziell zugänglich.

2. Monochromatoren

In den meisten modernen Fluoreszenzspektrometern werden zwei Monochroma-toren verwendet: Der Anregungs- und der Emissionsmonochromator (siehe auch Kapitel III.A, Abb. III.2). Die Funktion der Monochromatoren besteht in der Isolierung schmaler Wellenlängenbereiche aus dem Licht der Anregungsquelle resp. aus dem Fluoreszenzlicht. Die Verwendung des Anregungsmonochromators gestattet die Anregung der Probenfluoreszenz mit Licht unterschiedlicher Wellen-länge (selektive Anregung), während der Emissionschromator zur Aufzeichnung des Fluoreszenzspektrums dient.

Abbildung III.4 ist die Prinzipskizze eines Monochromators. Die von der An-regungsquelle (Anregungsmonochromator) resp. der fluoreszierenden Probe (Emissionsmonochromator) kommende Strahlung wird mittels der Kondensor-linse L auf den Eintrittspalt S_i fokussiert. Das durch den Eintrittspalt tretende Licht erreicht durch die Kollimatorlinse K die Dispersionseinheit D (ein Prisma oder ein Gitter) und wird dort spektral zerlegt. Das die Dispersionseinheit ver-lassende Licht wird mittels der Linse F auf den Austrittspalt S_a fokussiert. Der Austrittspalt isoliert einen schmalen Bereich des Spektrums. Die Änderung der Lage der Dispersionseinheit gegen die Richtung des einfallenden Lichtes kann durch elektrischen Antrieb stufenlos oder manuell vorgenommen werden. In realen Instrumenten können die optischen Elemente Linsen oder Spiegel sein und häufig sind unterschiedliche optische Funktionen in einem Element vereinigt.

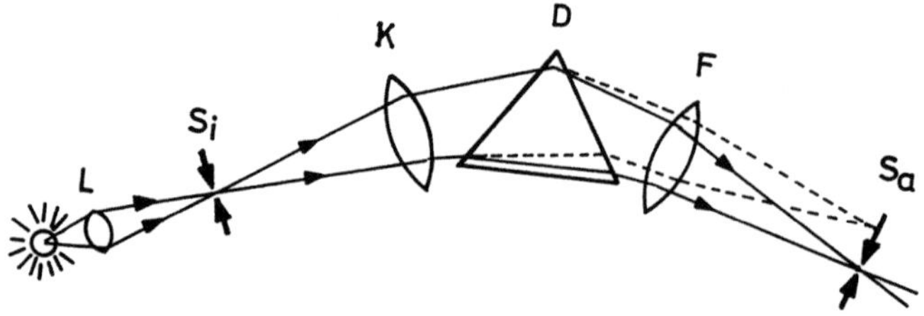

Abb. III.4. Schematische Darstellung eines Monochromators (nähere Erläuterungen im Text)

Die „Dispersion" eines Monochromators ist ein Maß für seine Eignung, unterschiedliche Wellenlängen einer Strahlung zu separieren, die das Dispersionselement unter verschiedenen Winkeln verlassen und an verschiedenen Stellen in der Bildebene erscheinen. Meist wird die „reziproke lineare Dispersion" R_d verwendet, die definiert ist durch:

$$R_d = \frac{d\lambda}{dx}\,.\tag{6}$$

Hierbei ist dx der Abstand zwischen zwei Wellenlängen, die sich durch $d\lambda$ unterscheiden. Typische R_d-Werte von Monochromatoren, wie sie in kommerziellen Fluoreszenzspektrometern verwendet werden, liegen bei 1 bis 10 nm pro mm.

Die Intensität des den Austrittsspalt des Monochromators verlassenden Lichtes kann als Funktion der Wellenlänge dargestellt werden (sog. „Spaltfunktion"). Die Spaltfunktion ist approximativ ein Dreieck, dessen Halbwertsbreite die „spektrale Bandbreite" s des monochromatischen Lichtes ist. s hängt mit der reziproken linearen Dispersion R_d (Gl. (6)) (nm cm^{-1}) und der Spaltbreite W (cm) zusammen nach:

$$s = R_d W\,.\tag{7}$$

Die Grundlinienbreite der Spaltfunktion ist

$$\Delta\lambda = 2R_d W\,,\tag{8}$$

wenn Eingangs- und Ausgangsspalt des Monochromators die gleiche Spaltbreite haben, was der häufigste Fall ist. Approximativ ist durch Gl. (8) zugleich die „Auflösung" des Monochromators gegeben. Gleichung (8) berücksichtigt nicht Streuungseffekte, sphärische Aberration, Astigmatismus usw., die die Auflösung etwas verringern.

Das „Auflösungsvermögen" R eines Monochromators ist definiert als

$$R = \frac{\bar{\lambda}}{\Delta\lambda_R}\,,\tag{9}$$

wobei $\Delta\lambda_R$ die Wellenlängendifferenz (nm) zwischen zwei monochromatischen Spektrallinien bedeutet, die gerade noch als getrennte Linien gemessen werden können, und $\bar{\lambda}$ der Mittelwert der beiden Wellenlängen (nm) ist. Monochromatoren mittlerer Auflösung haben R-Werte von etwa 10^4.

In jedem Monochromator treten durch Reflexion, Absorption und Streuung an den verschiedenen optischen Elementen Lichtverluste auf. Diese sollten so klein wie möglich gehalten werden, d. h. der „Transmission-Faktor" T_f, definiert als das Verhältnis des in den Monochromator ein- und austretenden Lichtflusses (bei einer vorgegebenen Wellenlänge) sollte nahe 1 sein.

Ist B_k die gerichtete Quellenintensität einer Anregungsquelle mit kontinuierlichem Spektrum und Φ_k der den Austrittsspalt eines Monochromators verlassende

Strahlungsfluß, so gilt:

$$\Phi_k = B_k R_d W^2 K_0 \qquad (K_0 \text{ prop. } T_f). \tag{10}$$

Aus Gl. (10) ergibt sich, daß zwischen der Lichtausbeute (Φ/B) und dem Auflösungsvermögen eines Monochromators immer nur ein mehr oder weniger guter Kompromiß zu realisieren ist: Große Spaltbreiten und geringe Dispersion erhöhen die Lichtausbeute, aber ebenso nach Gl. (7) die spektrale Bandbreite des den Monochromator verlassenden Lichtes.

Ein zu Gl. (10) analoger Ausdruck ergibt sich, wenn das auf den Eintrittsspalt des Monochromators fallende Licht ein Linienspektrum hat:

$$\Phi_l = B_l W K_0. \tag{11}$$

Für eine Lichtquelle, die ein Kontinuum mit überlagerten Linien emittiert (siehe Abb. III.3), ist das Verhältnis $(\Phi/B)_{lin.}/(\Phi/B)_{kon.}$ umgekehrt proportional der Spaltbreite. In der Fluorimetrie liegt gelegentlich der Fall vor, daß das (quasikontinuierliche) Fluoreszenzspektrum von Spektrallinien der Anregungsquelle überlagert ist. Der relative Anteil der Linienintensität im beobachteten Gesamtspektrum kann durch große Spaltbreiten am Emissionsmonochromator reduziert werden.

Im allgemeinen ist bei fluorimetrischen Messungen das Intensitätsverhältnis von Anregungslicht zu Fluoreszenzlicht groß. Daher ist es von besonderer Bedeutung, durch geeignete Anordnungen und Eigenschaften der in Monochromatoren verwendeten optischen Elemente die zu „Streulicht" führenden Effekte (Streuung an den optischen Elementen, an Staubpartikeln usw.) möglichst zu minimieren. Streulicht wird für Monochromatoren üblicherweise angegeben als der prozentuale Intensitätsanteil von Licht anderer Wellenlängen als der gewünschten an der Gesamtintensität. Bei kleinen kommerziellen Monochromatoren liegen die Streulichtanteile bei 0,1 bis 1%. In „Doppelmonochromatoren" ist der Streulichtanteil wesentlich geringer. Bei „Hintereinanderschaltung" von zwei Monochromatoren gleichen Typs nimmt der Streulichtanteil quadratisch ab.

In modernen Fluoreszenzspektrometern werden ausschließlich Gitter-Monochromatoren verwendet. Gegenüber Prismen-Monochromatoren haben sie die Vorteile besserer Auflösung und der Unabhängigkeit der Dispersion von der

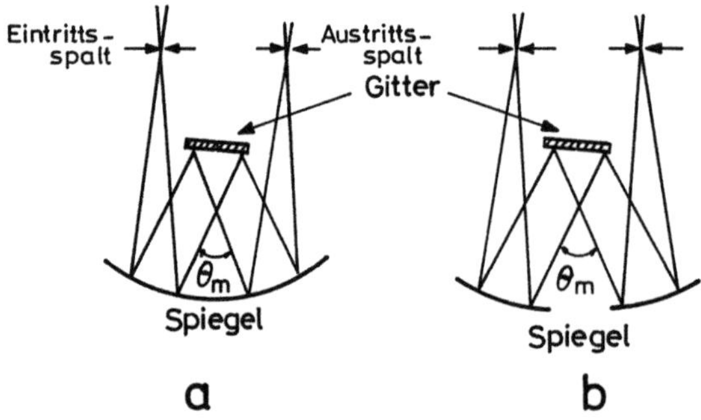

Abb. III.5. Gittermonochromator in Ebert-Anordnung (a) und Czerny-Turner-Anordnung (b)

Wellenlänge über einen weiteren Bereich, den Nachteil der möglichen Störung gemessener Spektren durch die höheren Ordnungen des Anregungslichtes.

Ebert- oder Czerny-Turner-Monochromatoren (Abb. III.5a und b) werden überwiegend eingesetzt. In beiden Anordnungen wird das Gitter gedreht, um die Wellenlänge des den Monochromator verlassenden Lichtes zu variieren, während der Winkel zwischen den einfallenden und gebeugten Strahlen konstant bleibt (θ_m in Abb. III.5a und b).

3. Detektoren

Der Detektor in einem Fluoreszenzspektrometer sollte folgende Bedingungen erfüllen: hohe Empfindlichkeit, großes Signal-zu-Rausch-Verhältnis, Linearität der Anzeige, niedriger Dunkelstrom und kurze Ansprechzeit.

Die Empfindlichkeit eines Detektors ist definiert als das Verhältnis von Stromoutput (gemessen in Ampere) zu Strahlungsfluß, der auf den Detektor fällt (gemessen in Watt). Im Idealfall ist die Detektorempfindlichkeit unabhängig von der Wellenlänge der zu messenden Lichtintensität. Bei den heute überwiegend benutzten Detektortypen ist diese Bedingung jedoch höchstens für jeweils relativ kleine Wellenlängenbereiche erfüllt.

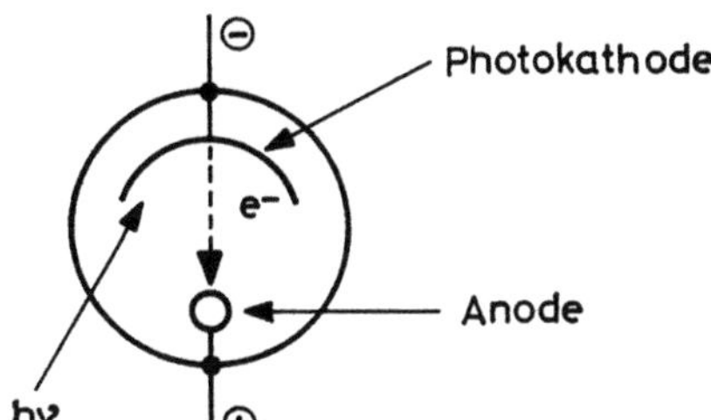

Abb. III.6. Schematische Darstellung einer Vakuumphotozelle

In den meisten kommerziellen Fluoreszenzspektrometern werden Photomultiplier als Detektoren verwendet. Im Prinzip ist ein Photomultiplier eine Vakuumphotozelle mit einem eingebauten Signal-Verstärkungssystem. — Das Prinzip der Vakuumphotozelle ist in Abb. III.6 dargestellt. Die Photokathode ist eine mit verschiedenen Metallen (manchmal zusätzlich auch Metalloxiden) beschichtete Metallplatte. Fällt auf die Photokathode Licht, dessen Photonenenergie hν größer ist als die Austrittsarbeit des Kathodenmaterials, so werden Elektronen freigesetzt, welche von der Anode angezogen und gesammelt werden. Zwischen Kathode und Anode wird eine Potentialdifferenz von etwa 100 V durch eine externe Spannungsversorgung aufrechterhalten. Die Elektroden befinden sich in einem evakuierten Gefäß aus Glas oder Quarz. Über einen begrenzten Bereich ist der Photostrom proportional zur Zahl der an der Kathode freigesetzten Elektronen und die Elektronemission ihrerseits dem auf die Kathode fallenden Lichtfluß.

Die spektrale Empfindlichkeitsverteilung der Vakuumphotozelle (das ist die Abhängigkeit der Detektorempfindlichkeit von der Wellenlänge des eingestrahlten

Lichtes) ist eine Funktion des Kathodenmaterials und der spektralen Durchlässigkeit des Gefäßmaterials. In Abb. III.7 sind spektrale Empfindlichkeitsverteilungen einiger Vakuumphotozellen angegeben.

Das Prinzip eines Photomultipliers ist in Abb. III.8 dargestellt. Ein evakuiertes Rohr aus Glas oder Quarz enthält eine Anode A, eine Photokathode K und eine Serie von Dynoden D_i. Die Widerstandskette teilt die Arbeitsspannung derart, daß eine Potentialdifferenz von etwa 100 V zwischen benachbarten Elektroden herrscht. Photoelektronen, die an der Photokathode K freigesetzt werden, gelangen auf die Dynode D_1 mit einer ausreichenden kinetischen Energie, um zwei oder mehr sekundäre Elektronen zu erzeugen. Diese wiederum treffen die Dynode D_2 und setzen dort weitere sekundäre Elektronen frei. Der gleiche Prozeß wiederholt sich für alle Dynoden und der resultierende Elektronenstrom wird in der Anode gesammelt, fließt durch den Widerstand R_L und erzeugt die Spannung $i_a R_L$.

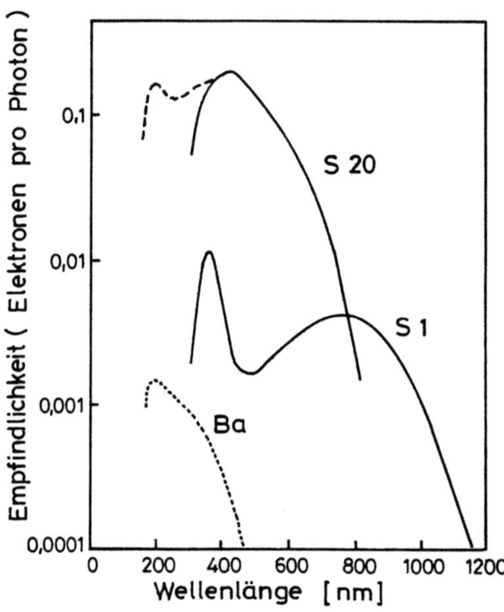

Abb. III.7. Spektrale Empfindlichkeitskurven von Vakuumphotozellen. Die ausgezogenen Kurven beziehen sich auf Photozellen mit Glasfenster, die gestrichelten Kurven auf solche mit Quarzfenster. Kathodenmaterialien: S 1 — AgO/Cs; S 20 — Sb/Na/K/Cs

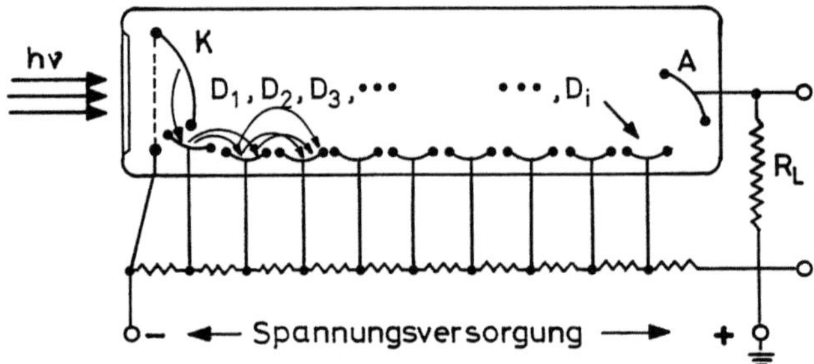

Abb. III.8. Schematische Darstellung eines Photomultipliers (nach J. D. Winefordner, S. G. Schulman, T. C. O'Haver: Luminescence Spectrometry in Analytical Chemistry, London: Wiley-Interscience 1972)

Die „Verstärkung pro Stufe" g ist definiert als das Verhältnis der Zahl der von einer Dynode emittierten zur Zahl der auftreffenden Elektronen. Typische g-Werte liegen zwischen 3 und 5. Ist z die Zahl der Dynoden, so ergibt sich als Gesamtverstärkungsfaktor M des Photomultipliers:

$$M = g^z. \tag{12}$$

Für einen typischen kommerziellen Photomultiplier mit 10 Dynoden und $g = 4$ ergibt sich eine Gesamtverstärkung von $4^{10} = 10^6$. Ein derartiger Multiplier liefert also ein 10^6-fach stärkeres Signal als eine einstufige Vakuumphotozelle aus gleichem Kathoden- und Wandmaterial.

g und damit M hängt stark von der Betriebsspannung ab. Daraus resultiert, daß Photomultiplier eine sehr stabile Spannungsversorgung benötigen, andererseits, daß man die Empfindlichkeit von Photomultipliern durch Variation der Versorgungsspannung ändern kann.

Die Empfindlichkeiten von Photomultipliern (ausgedrückt als Anodenstrom) liegen zwischen 400 und 80000 A W^{-1}. — Die spektrale Empfindlichkeitsverteilung eines Multipliers ist allein abhängig vom Kathoden- und Wandmaterial und wird durch den Multiplikationsprozeß nicht beeinflußt. — Typische Ansprechzeiten von Photomultipliern liegen unter 10^{-8} s.

Das von thermischen Ionen herrührende Rauschen in Photomultipliern kann durch Kühlen der Detektoren herabgesetzt werden. Damit verbessert sich das Signal-zu-Rausch-Verhältnis.

Für spezielle Zwecke (z B. zur Messung von Quantenausbeuten) ist ein „Quantenzähler" als Detektor von erheblichem Nutzen. Im Gegensatz zu den bisher besprochenen Detektortypen ist seine Empfindlichkeit unabhängig von der Wellenlänge des zu messenden Lichtes. Bei Quantenzählern wird ausgenutzt, daß das Spektrum und die Quantenausbeute von reinen fluoreszierenden Substanzen unabhängig sind von der Wellenlänge der Anregungsstrahlung. Eine genügend konzentrierte Lösung einer fluoreszierenden Substanz absorbiert den gesamten Strahlungsfluß einer Lichtquelle (z.B. einer anderen fluoreszierenden Substanz, die sich als Probe im Fluoreszenzspektrometer befindet) und wandelt ihn in eine proportionale Zahl von Fluoreszenzlichtquanten um. Irgendein üblicher Detektor, z.B. ein Photomultiplier, kann dann verwendet werden, um die Fluoreszenzemission zu messen. Die Wellenlängenabhängigkeit der Detektorempfindlichkeit ist dabei unwichtig, da der Detektor immer nur Licht gleicher spektraler Verteilung „sieht". Von den verschiedenen in der Literatur vorgeschlagenen Quantenzählern ist der „Rhodamin-B-Quantenzähler" der bekannteste; verwendet wird hier eine Lösung von Rhodamin B in Ethylenglykol mit einer Konzentration von 3 g/l [6].

4. Signalverstärkungssysteme

Der elektrische output eines Photomultipliers ist ein Gleichstromsignal und Gleichstromverstärker sind die in Fluoreszenzspektrometern am häufigsten verwendeten Anordnungen zur Überführung des schwachen elektrischen Signals vom Detektor in ein ausreichend starkes Signal, das schließlich vom Schreiber in einer praktischen und leicht lesbaren Form dargestellt wird. Ein Nachteil der Gleichstromverstärker besteht darin, daß sie nicht nur den Photostromanteil verstärken, den die emittierende Probe induziert, sondern auch unerwünschte Photostromanteile, z.B. den Dunkelstrom des Detektors. Diese unerwünschten Photostromanteile können zum Teil durch Eingabe eines zusätzlichen Gleichstromsignals gleicher Größe aber entgegengesetzten Vorzeichens kompensiert werden.

Die Nachteile der Gleichstromverstärkung sind in der Wechselstromverstärkung weitgehend eliminiert. Die Wechselstromverstärkung erfordert, daß das Photosignal in irgendeiner Weise moduliert wird. Dabei muß in der Amplitude des modulierten Signals möglichst die vollständige analytische Information erhalten bleiben. Häufig verwendet man eine rotierende Sektorscheibe zwischen Lichtquelle und fluoreszierender Probe, gewissermaßen einen „optischen Schalter", der regelmäßig die Lichtquelle „ein- und ausschaltet". Das derart „gepulste" Quellenlicht regt die Fluoreszenz der Probe intermittierend an, so daß auch das Fluoreszenzlicht, das auf den Detektor fällt, jetzt „gepulst" ist. — Bei einer speziellen Variante der Wechselstromverstärkung, der sogenannten „Lock-in"-Verstärkung [7] werden der „optische Schalter" und der Verstärker in Phase betrieben.

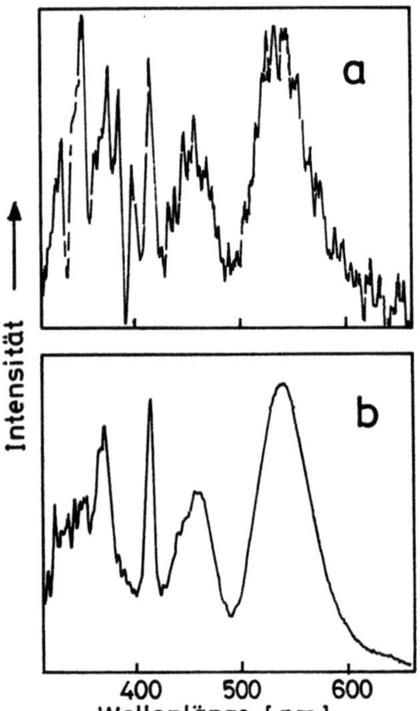

Abb. III.9. Beispiel für die Verbesserung des Signal/Rausch-Verhältnisses durch elektronische Signalmittelung: a = 1fache Messung, b = 64fache Messung (nach M. D. Lumb (ed.): Luminescence Spectroscopy. London–New York–San Francisco: Academic Press 1978)

Anordnungen, die es gestatten, Emissionsspektren mehrere Male zu messen und elektronisch zu mitteln, sind sehr gut geeignet, das Signal-zu-Rausch-Verhältnis fluorimetrischer Messungen zu verbessern. Das ist besonders von Bedeutung, wenn intensitätsschwache Fluoreszenzen gemessen werden sollen. Abbildung III.9 gibt ein Beispiel. Kurve a ist ein 1fach gemessenes Spektrum, Kurve b das gleiche Spektrum bei 64facher Messung und elektronischer Mittelung. Wie ersichtlich, wird das stark „verrauschte" Spektrum durch mehrfache Messung und Mittelung der Signale weitgehend „geglättet" (Spektrum b). Das Verhältnis von Signal zu (statistischem) Rauschen nimmt mit der Wurzel aus der Zahl der Messungen zu.

In allerdings bisher wenigen kommerziellen Fluoreszenzspektrometern werden „Photonenzähler" zum Registrieren der vom Detektor empfangenen Signale verwendet. Ist i_a der mittlere Anodenstrom eines Photomultipliers, M sein Gesamtverstärkungsfaktor (siehe Kapitel III.B.3) und e die Elementarladung, so gilt:

$$\bar{n} = \frac{i_a}{Me}. \tag{13}$$

Für die „mittlere Zählrate" $\bar{n}$ der Anodenimpulse ergeben sich bei üblichen Multipliern mit $M = 10^6$ und einer Empfindlichkeit von $10^4 \, \text{A W}^{-1}$ im Falle von Fluoreszenzen mit Intensitäten zwischen 10^{-9} und $10^{-14} \, \text{W}$ Werte von 100 bis $10^6 \, \text{s}^{-1}$. Diese Zählraten liegen im Meßbereich guter Elektronenzähler. Die Photonenzähltechnik ist besonders geeignet zur Messung schwacher Lichtflüsse und weist Vorteile gegenüber den voranstehend besprochenen Signalverarbeitungsmethoden auf.

5. Küvetten

Für fluorimetrische Messungen an verdünnten, fluiden Lösungen bei Raumtemperatur sind rechteckige Küvetten mit den Abmessungen 1×1 cm Grundfläche und 5 bis 6 cm Höhe gut geeignet und üblich. Die Küvettenwände bestehen aus Glas resp. natürlichem oder synthetischem Quarz. Glasküvetten können verwendet werden, wenn Anregungswellenlänge und Fluoreszenzspektrum > 350 nm liegen. Bei kürzerwelliger Anregung und Emission sind wegen der Eigenabsorption des Glases Küvetten aus natürlichem oder synthetischem Quarz erforderlich.

Rechteckküvetten der oben angegebenen Abmessungen haben den Vorteil, daß im allgemeinen keine Fokussierungsprobleme auftreten und bei Beobachtung der Fluoreszenz senkrecht zur Anregungsrichtung (90°-Konfiguration der Anregungs/Beobachtungsgeometrie, siehe Kapitel III.B.6) die Streuung des Anregungslichtes an den Küvettenwänden in die Beobachtungsrichtung klein gehalten werden kann. Insbesondere in der Spurenanalyse ist es jedoch häufig wünschenswert, Küvetten mit wesentlich kleinerem Volumen und entsprechend kleineren Abmessungen zu verwenden. Hierbei können erhebliche Fokussierungsprobleme auftreten und der Gewinn an Analysenempfindlichkeit durch kleineres Probevolumen (Probenmenge) ungünstigenfalls verloren gehen, wenn die Ausleuchtung der Küvette durch das Anregungslicht nicht optimal ist. Zur Untersuchung kleiner Meßlösungsvolumina werden sehr häufig zylindrische Küvetten verwendet (etwa 0,1 ml Volumen); jedoch bestehen nicht nur Schwierigkeiten bei der optimalen Fokussierung des Anregungslichtes, sondern auch hinsichtlich der weitgehenden Eliminierung von Anregungslicht (Streulicht) im Fluoreszenzlicht. Wenn die Anregung in einem Wellenlängenbereich erfolgt, in dem die zu untersuchende Substanz nicht fluores-

ziert, können noch (bei Verwendung von Fluoreszenzspektrometern mit Gitter-
monochromatoren) die höheren Ordnungen des Anregungslichtes das Fluoreszenzspektrum überlagern.

Bei kurzwelliger Anregung (etwa 250 nm) zeigt natürlicher Quarz eine Eigenfluoreszenz im Bereich zwischen etwa 280 und 620 nm mit einem ausgeprägten
Maximum bei etwa 420 nm. Die Quarzfluoreszenz kann zur Verfälschung bei
fluorimetrischen Messungen führen, wenn kurzwellig angeregt wird und die Fluoreszenzintensität der zu untersuchenden Probe gering ist. Synthetischer Quarz hat
eine wesentlich schwächere Eigenfluoreszenz als natürlicher Quarz. Unterschiede
in der Intensität der Eigenfluoreszenz von natürlichem resp. synthetischem Quarz
bis zu einem Faktor 100000 sind festgestellt worden [8]. In jedem Fall empfiehlt
sich in der Fluorimetrie die Verwendung von Küvetten aus synthetischem Quarz.

Quarz emittiert bei kurzwelliger Anregung nicht nur Fluoreszenz sondern auch
Phosphoreszenz mit einer Lebensdauer im Bereich von Millisekunden. Dies kann
zu einem weiteren Artefakt führen. Regt man eine fluoreszierende Lösung mit
Wellenlängen <etwa 260 nm an, so beobachtet man in Quarzküvetten häufig eine
„verzögerte" Komponente der Fluoreszenz. Das Spektrum der „verzögerten"
Fluoreszenz stimmt vollständig mit dem der „prompten" überein, doch können
sich die Lebensdauern der Fluoreszenzen um mehr als 4 Größenordnungen unterscheiden, was ihre Separierung (Zeitauflösung) ermöglicht. Die „prompte" Komponente der Fluoreszenz kommt durch Absorption des Lichtes von der Strahlungsquelle zustande, die „verzögerte" Komponente durch Absorption der Quarz-
phosphoreszenz. Da man verzögerte Fluoreszenz auch als Moleküleigenschaft
kennt (Kapitel II.C), sind Fehlinterpretationen experimenteller Ergebnisse leicht
möglich. Eine sichere Unterscheidungsmöglichkeit zwischen „echter" und „kü-
vetten-induzierter" verzögerter Fluoreszenz besteht in der Durchführung der Messungen mit unterschiedlichen Anregungswellenlängen: Während „echte" verzögerte Fluoreszenz unabhängig von der Anregungswellenlänge ist, wird die
„küvetten-induzierte" verzögerte Fluoreszenz nur mit Anregungswellenlängen
< etwa 260 nm erzeugt.

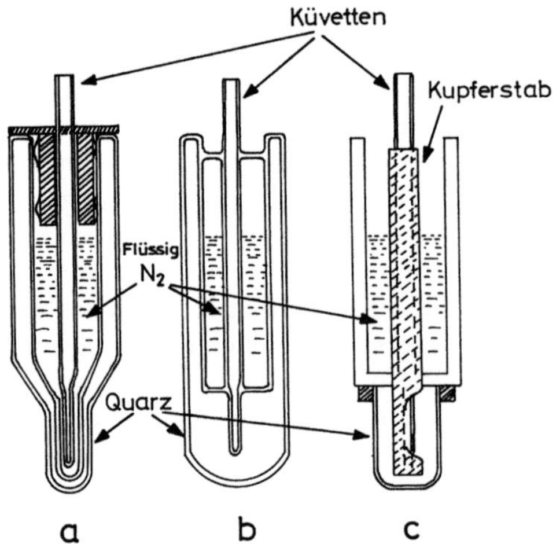

Abb. III.10. Tieftemperaturküvetten (nach
J. D. Winefordner, S. G. Schulman,
T. C. O'Haver: Luminescence Spectrome-
try in Analytical Chemistry. London:
Wiley-Interscience 1972)

Bei der Verwendung von Küvetten, die einen Luftzutritt zur Lösung nicht verhindern, muß beachtet werden, daß molekularer Sauerstoff im allgemeinen ein starker Fluoreszenzlöscher ist. In der Literatur [9] sind Küvetten und Küvettengehäuse beschrieben worden, die das fluorimetrische Arbeiten in fluiden Lösungen bei Raumtemperatur unter Luftausschluß gestatten. Von den verschiedenen Vorschlägen erweist sich als am effektivsten, die Entgasung der Untersuchungslösung in der Küvette vorzunehmen und diese anschließend abzuschmelzen. Zylindrische und Rechteckquarzküvetten mit abschmelzbarem Evakuierungsansatz sind im Handel.

Für fluorimetrische Messungen bei tiefen Temperaturen werden sowohl zylindrische wie Rechteckküvetten verwendet. Letztere werden im allgemeinen nicht direkt durch das Kühlmedium (z.B. flüssiger Stickstoff) gekühlt, sondern indirekt über einen Kupferfinger, der sich im Kühlmedium befindet (Abb. III.10). Werden die Messungen in einer bei der tiefen Temperatur festen Matrix ausgeführt, so sind weder die vorherige Entgasung der Lösung noch die Verhinderung von Luftzutritt während der Messung erforderlich, da die diffusionskontrollierte Fluoreszenzlöschung durch Sauerstoff jetzt stark eingeschränkt ist (siehe auch Kapitel III.D.1 und IV.A).

6. Spektrometertypen

Die Leistungsfähigkeit eines Fluoreszenzspektrometers hängt

(1) von der seiner einzelnen Elemente (Strahlungsquelle, Monochromatoren, Detektor usw.) und

(2) von der Art der (optischen und elektronischen) „Verschaltung" dieser Elemente ab.

Während in den voranstehenden Abschnitten B.1 bis B.5 die einzelnen Elemente behandelt und Informationen zur Beurteilung ihrer Qualität gegeben wurden, bezieht sich der vorliegende Abschnitt auf die wesentlichen Gesichtspunkte der „Verschaltung" der Elemente, das ist die Unterteilung der Spektrometer nach ihrer „Anregungs/Beobachtungsgeometrie" und in „Einstrahl"- und „Zweistrahl"-Geräte.

Anregungs/Beobachtungs-Geometrie:

Grundsätzlich unterscheidet man drei Möglichkeiten, die schematisch in Abb. III.11 dargestellt sind. Es sei angenommen, daß das Probengefäß eine Rechteckküvette ist. Der ausgezogene Pfeil kennzeichnet die Richtung des Anregungslichtes („Anregungsrichtung") bezüglich der Küvette, der gestrichelte Pfeil die Richtung des Fluoreszenzlichtes, das auf den Eintrittsspalt des Emissionsmonochromators fällt („Beobachtungsrichtung"). Die „90°-Konfiguration" (Abb. III. 11a) (der Winkel zwischen Anregungs- und Beoachtungsrichtung beträgt 90°) ist

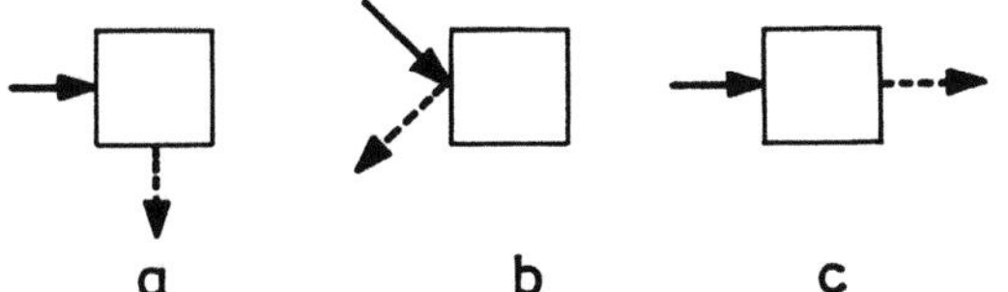

Abb. III.11. Anregungs/Beobachtungs-Geometrien. Der ausgezogene Pfeil bezeichnet jeweils die Richtung des Anregungslichtes, der gestrichelte Pfeil die Beobachtungsrichtung

die in kommerziellen Fluoreszenzspektrometern am häufigsten vorkommende Anregungs/Beobachtungsgeometrie und optimal geeignet für die Fluorimetrie an verdünnten Lösungen (für Einzelheiten siehe Kapitel III.F.2). Für sehr konzentrierte (stark absorbierende) Lösungen oder für Festkörper ist die „Front-Konfiguration" (Abb. III.11b) vorzuziehen, während die „180°-Konfiguration" (Abb. III. 11c) (die Beobachtung erfolgt in Richtung der Anregung) im allgemeinen nachteilig ist, insbesondere, da keine geometrisch-optische Separierung von Anregungs- und Fluoreszenzlicht erfolgt.

Einstrahl- und Zweistrahl-Geräte:

Je nachdem, ob der Anregungsquelle 1 oder 2 Anregungsstrahlen und/oder der Küvette 1 oder 2 Meßstrahlen „entnommen" werden, unterscheidet man Einstrahl- und Zweistrahlspektrofluorimeter. Die 4 wichtigsten Typen sind in Abb. III.12 dargestellt. (Zur Vereinfachung wurde in Abb. III.12a–c der Anregungsmonochromator nicht eingezeichnet.) — Im Einstrahlspektrometer (Abb. III.12a) fällt 1 Strahl der Anregungsquelle auf die Küvette K, von der 1 Strahl des Fluoreszenzlichtes in den Eintrittsspalt des Emissionsmonochromators EM gelangt. Das den Emissionsmonochromator verlassende Licht wird im Detektor D gemessen. Bei diesem einfachsten Typ von Spektrofluorimetern wird die Energieverteilung der Strahlungsquelle (Abhängigkeit der Anregungsenergie von der Wellenlänge) (siehe Kapitel III.B.1) ebenso wenig wie die spektrale Empfindlichkeitsverteilung

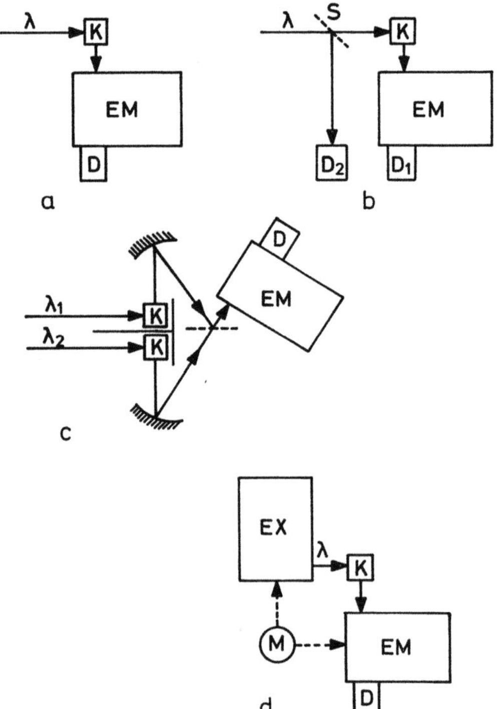

Abb. III.12. Spektrometertypen. K: Küvette, EM: Emissionsmonochromator, D: Detektor, S: Strahlenteiler (Splitter), EX: Anregungsmonochromator, M: Wellenlängenantriebseinheit

des Detektors (siehe Kapitel III.B.3) eliminiert. Die erhaltenen Fluoreszenz- und Fluoreszenz-Anregungspektren (siehe Kapitel III.D) sind hinsichtlich ihrer relativen Intensitätsverteilung verfälscht. Sie können in einem zusätzlichen Arbeitsgang korrigiert werden (Kapitel III.D), reichen aber für viele analytische Problemstellungen vollständig aus. — Im Zweistrahlspektrometer (Abb. III.12b) wird der Anregungsstrahl in S „gesplittet", wobei der größere Anteil zur Fluoreszenzanregung in der Küvette K dient, während ein kleinerer Anteil auf einen zweiten Detektor D 2 fällt, dessen Empfindlichkeit wellenlängenunabhängig ist. Der elektrische output von D 2 betätigt einen Spalt-Servomechanismus, der die den Anregungsmonochromator verlassende Strahlungsenergie konstant hält. Mit derartigen Geräten können direkt „korrigierte Fluoreszenz-Anregungsspektren" (Kapitel III.D) erhalten werden. Außerdem zeichnen sich Zweistrahlgeräte gegenüber Einstrahlgeräten durch bessere Stabilität aus. — In Zweistrahlspektrometern vom Typ c (Abb. III.12) wird die Probe mit 2 etwas verschiedenen Anregungswellenlängen λ_1 und λ_2 angeregt, während in Zweistrahlspektrometern vom Typ d das Fluoreszenz- und Fluoreszenz-Anregungsspektrum gleichzeitig aufgezeichnet werden.

C. Lösungsmittel

In der Regel werden fluorimetrische Analysen in Lösungsmitteln durchgeführt, deren elektronische Anregungszustände energetisch deutlich höher liegen als die der zu untersuchenden Substanzen. Damit verhindert man Absorption von Anregungslicht durch das Lösungsmittel, mögliche Eigenfluoreszenz des Lösungsmittels, die die Fluoreszenz der Probe überlagern könnte und schließlich Energieübertragungseffekte (Kapitel II.C) zwischen Lösungsmittel und Gelöstem. Gelegentlich kann jedoch gerade der letztere Effekt zur Steigerung der Analysenempfindlichkeit genutzt werden (Festkörper-Fluorimetrie, Kapitel IV.D).

Selbstverständlich sollte das Lösungsmittel photochemisch stabil sein, d.h. während der Herstellung der Untersuchungslösung und durch die Messung keine photochemischen Spezies liefern, die möglicherweise im Spektralbereich der Absorption und Fluoreszenz der Probe absorbieren oder fluoreszieren.

Das Lösungsmittel sollte an der Probe keine äußeren Spin-Bahn-Kopplungseffekte (Kapitel II.D und II.F) induzieren, die fast immer die Fluoreszenzintensität verringern. Andererseits können solche Effekte durch Verwendung geeigneter Lösungsmittel gezielt zur Erhöhung der Analysenselektivität angewandt werden (Quenchofluorimetrie, Kapitel IV.E.2).

Schließlich ist es wünschenswert, daß das Lösungsmittel bei Raumtemperatur einen relativ niedrigen Dampfdruck aufweist, da es mit größerem experimentellen Aufwand verbunden ist, in leicht verdampfbaren Solventien Lösungen definierter Konzentrationen herzustellen und ohne Konzentrationsänderungen zu messen.

Grundsätzlich sind für die Fluorimetrie unpolare, aprotisch polare sowie protische Lösungsmittel geeignet; aber da polare Lösungsmittel mit (insbesondere polaren) Substanzen wechselwirken, was in der Regel zu Bandenverbreiterung und Verschiebung des Fluoreszenzspektrums führt, wird man — wenn nicht in speziellen Situationen der letztere Effekt von Vorteil ist — unpolare Lösungsmittel bevorzugen. Exemplarisch seien als unpolare Lösungsmittel, die die oben genannten Bedingungen weitgehend erfüllen, n-Heptan, Cyclohexan und Benzol genannt.

Gelegentlich ist es von Vorteil, fluorimetrische Analysen in einer festen Matrix bei tiefer Temperatur durchzuführen (Tieftemperatur-Fluorimetrie, Kapitel IV.A). Bevorzugt werden hierfür organische Lösungsmittel verwendet, die bei der angewandten tiefen Temperatur glasartig erstarren, d.h. nicht kristallisieren; das organische Glas sollte auch keine Sprünge aufweisen, die Anlaß zu unerwünschten Reflexionen von Anregungslicht geben. Das bevorzugte Kühlmedium für Tieftemperatur-spektroskopische Untersuchungen ist wegen seiner leichten Verfügbarkeit und Ungefährlichkeit flüssiger Stickstoff (Sdp. 77 K). Für die Tieftemperatur-Fluorimetrie bei 77 K sind als unpolare Lösungsmittel besonders Methylcyclohexan/Isopentan-Mischungen geeignet (vorzugsweise im Vol.-Verhältnis Methylcyclohexan:Isopentan = 1:3). Weitere bei 77 K glasartig erstarrende unpolare Lösungsmittel, die in der Fluorimetrie Verwendung finden, sind in Tabelle III.3 angegeben.

Tabelle III.3. Unpolare Lösungsmittel für die Fluorimetrie bei 77 K[a]

Komponenten	Volumen-Verhältnis
Isopentan	–
3-Methyl-pentan	–
n-Pentan/n-Heptan	1:1
Methylcyclohexan/n-Pentan	4:1 bis 3:2
Methylcyclohexan/Methylcyclopentan	1:1
Cyclohexan/Dekalin	1:3

[a] J. D. Winefordner, S. G. Schulmann, T. C. O'Haver: Luminescence Spectrometry in Analytical Chemistry. London: Wiley-Interscience 1972.

Hingewiesen sei hier auf einen Lösungsmittel-bedingten Artefakt, der bei Tieftemperatur-fluorimetrischen Untersuchungen auftreten kann [10]. Gelegentlich bildet die bei Raumtemperatur molekular-dispers gelöste Substanz beim Abkühlen eine mikrokristalline Phase, die mit dem unbewaffneten Auge nicht erkennbar ist. Der temperaturabhängige Phasenübergang „molekular–disperse Lösung → Mikrokristalle" ist reversibel. Die meisten Substanzen ändern deutlich ihre fluoreszenzspektroskopischen Eigenschaften beim Übergang von der molekular-dispersen Lösung zum kristallinen Zustand. Fehlinterpretationen von experimentellen Ergebnissen sind dann möglich, wenn übersehen wurde, daß die Fluoreszenz von Kristallen und nicht — wie angenommen — von einer molekular-dispersen Lösung stammt.

Der wichtigste Parameter zur Charakterisierung aprotischer polarer Lösungsmittel ist die Dielektrizitätskonstante. Vorteilhafter ist ein „Polaritätsindex" Δf, der außer der Dielektrizitätskonstanten ε noch den Brechungsindex n des Lösungsmittels enthält (siehe auch Kapitel II.B):

$$\Delta f = \frac{\varepsilon - 1}{2\varepsilon + 1} - \frac{n^2 - 1}{2n^2 + 1}. \tag{14}$$

Die elektrostatische Wechselwirkung zwischen Gelöstem und Lösungsmittel führt zu Änderungen der Energie des Fluoreszenz-0,0-Übergangs, die in der Regel mit den Δf-Werten der Lösungsmittel linear korrelieren (für ein recht ungewöhnliches Beispiel siehe [11], dort auch Hinweise auf die Literatur über die Theorie der elektrostatischen Lösungsmitteleffekte). Wird für eine fluoreszierende Substanz in einer Lösungsmittel-Reihe eine signifikante Abweichung von der linearen Beziehung zwischen der Lage des Fluoreszenzübergangs und den Δf-Werten der Lösungsmittel beobachtet, so deutet dies meist auf spezielle Wechselwirkungen zwischen Gelöstem und Lösungsmittel hin, z.B. Wasserstoffbrücken u.ä. — Tabelle III.4 gibt eine Zusammenstellung von einigen für die Fluorimetrie bei Raumtemperatur geeigneten polaren Lösungsmitteln mit Angabe der entsprechenden Dielektrizitätskonstanten, Brechungsindices und Δf-Werten.

Tabelle III.4. Polare Lösungsmittel für die Fluorimetrie bei Raumtemperatur

Lösungsmittel	ε	n	Δf Gl. (14))
Dioxan	2,21	1,4232	0,020
n-Dibutylether	3,06	1,4010	0,094
iso-Amylacetat	4,63	1,4017	0,158
Ethylacetat	6,02	1,3722	0,200
Pyridin	12,3	1,5092	0,212
Acetanhydrid	20,7	1,3904	0,273
Aceton	20,7	1,3589	0,284
Acetonitril	37,5	1,3460	0,305

Nur relativ wenige aprotische polare Lösungsmittel sind bekannt, die bei 77 K zu einem festen nicht-brechenden Glas erstarren (Tabelle III.5). 2-Methyl-tetrahydrofuran ist das am häufigsten verwendete Lösungsmittel dieses Typs und in Fluoreszenzgrade-Reinheit kommerziell erhältlich.

Tabelle III.5. Polare (aprotische) Lösungsmittel für die Fluorimetrie bei 77 K[a]

Komponenten	Volumen-Verhältnis
Diethylether	–
2-Methyl-tetrahydrofuran	–
Di-n-propylether/Isopentan	3:1
Di-n-propylether/Methylcyclohexan	3:1
Diethylether/Isopentan	1:1 bis 1:2
Triethylamin/Diethylether/Isopentan	3:1:3
Triethylamin/Diethylether/n-Pentan	2:5:5
n-Butylether/Isopropylether/Diethylether	3:5:12

[a] S. G. Schulmann: Fluorescence and Phosphorescence Spectroscopy. Oxford: Pergamon Press 1977.

Protische Lösungsmittel können die Fluoreszenzeigenschaften von Verbindungen mit H-Brücken-Acceptor-Funktionen (z.B. Carbonyl-Gruppen) beeinflussen. (Das gleiche gilt für Lösungsmittel mit H-Brücken-Acceptor-Funktionen und fluoreszierenden Verbindungen mit H-Brücken-Donor-Funktionen.) Die Lösungsmitteleffekte in H-Brückenbildenden Systemen sind komplex und beeinflussen die Lage und Struktur von Fluoreszenzspektren sowie die Fluoreszenzintensitäten (für eine ausgezeichnete Übersicht siehe [12]). — Eine Auswahl protischer Lösungsmittel, die für die Fluorimetrie bei Raumtemperatur und zum Teil auch bei tiefer Temperatur geeignet sind, ist in Tabelle III.6 zusammengestellt.

Tabelle III.6. Protische Lösungsmittel für die Fluorimetrie[a]

Komponenten	Volumen-Verhältnis	Temperatur (K)[b]
Phosphorsäure	88proz.	bis 210
Ethylalkohol	–	77
Triethanolamin	–	193 bis 213
Acetanhydrid/Phosphorsäure	17:25	bis 210
Ethylalkohol/Methylalkohol	4:1 bis 5:2	77
Isopropanol/Isopentan	3:7 resp. 2:8	77
Wasser/Ethylenglykol	1:2	123 bis 150
Trifluoressigsäure/Methylamin/Trimethylamin	4:11:5	77
Isopropanol/Methylcyclohexan/Isooctan	1:3:3	77

[a] S. G. Schulman: Fluorescence and Phosphorescence Spectroscopy. Oxford: Pergamon Press 1977.

[b] Bei tieferer als der angegebenen Temperatur neigen die Lösungsmittel zum Ausbilden von Sprüngen und Rissen bzw. zur Kristallisation.

Bei organischen Säuren und Basen kann das Fluoreszenzverhalten p_H-abhängig sein. Das ist eine unmittelbare Folge der unterschiedlichen Ladungsverteilung von Molekülen im Grund- und Anregungszustand (Kapitel II.A). Wenn die Elektronendichte in der Molekülregion einer sauren oder basischen Gruppe im Anregungszustand niedriger als im Grundzustand ist, so wird das Molekül eine stärkere Säure resp. schwächere Base im Anregungszustand sein. Wenn umgekehrt die elektronische Anregung zu einer Ladungsübertragung an eine saure oder basische Gruppe führt, so ist das angeregte Molekül eine schwächere Säure resp. stärkere Base als das Molekül im Grundzustand. Zum Beispiel liegen das undissoziierte 2-Naphthol und das 2-Naphtholat-anion in ihren niedrigsten Singlett-Anregungszuständen in einem prototropen Gleichgewicht mit einem pK-Wert von etwa 2,8 vor, gegenüber einem pK-Wert von etwa 9,5 im Grundzustand. Entsprechend beobachtet man bei einem p_H-Wert von etwa 2,8 die Fluoreszenz beider Spezies, während nur die Absorption des 2-Naphthols bei diesem p_H-Wert auftritt. Die Verschiebung prototroper Gleichgewichte gehört zu den einfachsten photochemischen Reaktionen; da in diesem Fall die photochemische Reaktion sehr schnell abläuft, kann sie mit der strahlenden und strahlungslosen Desaktivierung der Singlett-Anregungszustände konkurrieren [12]. p_H-Effekte müssen in der fluorimetrischen Analyse von Säuren und Basen immer beachtet werden; sie können Empfindlichkeit und Selektivität der Analyse vermindern, aber bei geeigneter Wahl der Analysenparameter in vielen Fällen auch erhöhen (für Beispiele siehe Kapitel V).

Bei der Untersuchung sehr schwach fluoreszierender Substanzen resp. in der fluorimetrischen Spurenanalyse unter Verwendung von empfindlichen Spektrometern mit einem hohen instrumentellen Signal-zu-Rausch-Verhältnis können die fluorimetrischen Nachweisgrenzen (Kapitel III.A) durch die Emission des Lösungsmittels bestimmt sein. Hierbei müssen die „Raman-Emission" des Lösungsmittels und die „Fluoreszenz von Verunreinigungen" im Lösungsmittel unterschieden werden.

Raman-Emission ist eine inhärente Eigenschaft des Lösungsmittels; ihre Entstehung ist damit unvermeidbar. Beim Durchgang von Licht durch ein transparentes Medium tritt Lichtstreuung (Rayleigh-Streuung) auf, wobei die Intensität des Streulichts proportional r^6/λ^4 ist (r = Radius der als Kugeln gedachten Streuzentren, λ = Wellenlänge des eingestrahlten Lichtes). Hierbei haben das eingestrahlte und das gestreute Licht die gleiche Frequenz ν. Während des Lichtstreuungsprozesses findet aber auch eine Wechselwirkung mit den mit der Frequenz ν_0 schwingenden Atomkernen des Moleküls statt. Sie führt dazu, daß ein Teil des Streulichtes (durch Aufnahme von Kernschwingungsenergie) die Frequenz $(\nu + \nu_0)$ und ein anderer Teil (durch Abgabe von Lichtenergie) die Frequenz $(\nu - \nu_0)$ erhält (Raman-Streuung). Die Raman-Komponente $(\nu - \nu_0)$ tritt dabei mit höherer Intensität als die Komponente $(\nu + \nu_0)$ auf. Alle Lösungsmittel, die Wasserstoffatome gebunden an Kohlenstoff oder Sauerstoff enthalten, liefern die dominante Raman-Komponente $(\nu - \text{etwa } 3000)\ \text{cm}^{-1}$ (bei etwa $3000\ \text{cm}^{-1}$ liegen die Valenzschwingungen von CH- und OH-Bindungen). Da bei fluoreszenzspektroskopischen Messungen die Anregung kürzerwellig liegt als das Fluoreszenzspektrum (oft unmittelbar am kurzwelligen Ende des Fluoreszenzspektrums), kann die Raman-Komponente $(\nu - \nu_0)$ in den Spektralbereich des Fluoreszenzspektrums fallen. In Abb. III.13 ist Kurve a das Emissionsspektrum von Cyclo-

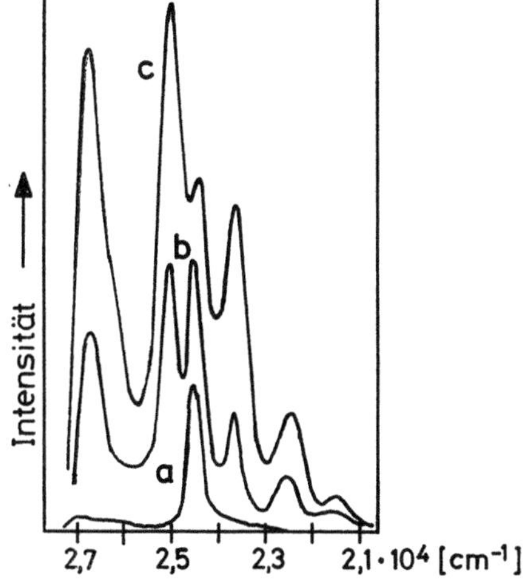

Abb. III.13. Einfluß der Raman-Streuung des Lösungsmittels auf das Fluoreszenzspektrum einer gelösten Substanz. a: Ramanspektrum des Lösungsmittels (Cyclohexan), b: Fluoreszenzspektrum von Anthracen (Konzentration $= 2{,}5 \cdot 10^{-8}$ g/ml) in Cyclohexan, c: $7{,}5 \cdot 10^{-8}$ g/ml in Cyclohexan. Anregungswellenlänge bei allen Messungen: 366 nm (nach C. A. Parker: Photoluminescence of Solutions. Amsterdam–London–New York: Elsevier 1968)

hexan bei Anregung mit 366 nm ($27\,322\ cm^{-1}$); man beobachtet die dominante Raman-Bande bei 409 nm ($\nu - \nu_0 = 27\,322 - 2\,873 = 24\,449\ cm^{-1}$). Kurve b ist das in Cyclohexan bei 366-nm-Anregung gemessene Fluoreszenzspektrum von Anthracen (Konzentration: $2{,}5 \cdot 10^{-8}$ g/ml). Das Fluoreszenzspektrum dieser sehr verdünnten Anthracen-Lösung ist durch die Raman-Bande des Lösungsmittels gestört; bei höherer Konzentration (größerer Fluoreszenzintensität) wird der Effekt deutlich geringer (Kurve c, Konzentration: $7{,}5 \cdot 10^{-8}$ g/ml). In Tabelle III.7 sind die dominanten Raman-Banden einiger häufig in der Fluorimetrie verwendeter Lösungsmittel für unterschiedliche Anregungswellenlängen aufgeführt. Beispielsweise wäre im Falle der Messung des Fluoreszenzspektrums von Anthracen die Verwendung von Tetrachlorkohlenstoff als Lösungsmittel günstig: seine Raman-Bande fällt nicht in den Spektralbereich der Anthracenfluoreszenz. Andererseits reduziert Tetrachlorkohlenstoff als „äußerer Schweratom-Störer" (Kapitel II.D und II.F) die Fluoreszenzintensität. Durch geeignete Wahl von Anregungswellenlänge und Lösungsmittel läßt sich die Superposition von Fluoreszenzspektren durch Raman-Streuung in der Regel verhindern, häufig aber auf Kosten von Fluoreszenzintensität und damit Analysenempfindlichkeit.

Tabelle III.7. Raman-Banden einiger Lösungsmittel in nm [a]

	Anregungswellenlänge in nm				
	248	313	366	405	436
Wasser	271	350	418	469	511
Ethanol	267	344	410	459	500
Cyclohexan	267	344	409	458	499
Tetrachlorkohlenstoff	–	320	376	418	450
Chloroform	–	346	411	461	502

[a] C. A. Parker: Photoluminescence of Solutions. Amsterdam–London–New York: Elsevier 1968.

Eine Konsequenz der hohen Empfindlichkeit der Fluorimetrie besteht darin, daß — zumindest auf dem Gebiet der Spurenanalyse — extreme Anforderungen an die Reinheit der Lösungsmittel gestellt werden müssen: Selbst in äußerst niedrigen Konzentrationen vorhandene fluoreszierende Verunreinigungen können eine „Untergrundfluoreszenz" des Lösungsmittels hervorrufen, die bei guten Spektrometern über dem instrumentellen Rauschen liegen kann. Erweist sich die Untergrundfluoreszenz in mehreren Messungen — mit jeweils neuer Küvettenfüllung — als konstant, so kann sie als Korrektur vom analytischen Signal der Untersuchungsprobe abgezogen werden. Meist nimmt die Untergrundfluoreszenz mit abnehmender Anregungswellenlänge zu, d. h. daß relativ langwellige Anregung vorzuziehen ist, was aber zu einem Zielkonflikt, ausgelöst durch die Raman-Streuung, führen kann. In jedem Fall ist eine exzessive Reinigung der Lösungsmittel von großem Vorteil.

Zahlreiche Lösungsmittel sind in Fluoreszenz-grade-Reinheit kommerziell erhältlich. Manchmal sind jedoch auch bei diesen Lösungsmitteln zusätzliche Reinigungsoperationen notwendig. Adsorptionschromatographie an Kieselgel, Behandlung mit konzentrierter Schwefelsäure (bei Kohlenwasserstoffen) und fraktionierte Vakuumdestillation sind übliche Methoden zur effektiven Reinigung von Lösungsmitteln [13]. Immer sollten Lösungsmittel für die Fluorimetrie unter Licht- und Luftausschluß aufbewahrt und der Kontakt mit Hahnfetten und Kunststoffteilen vermieden werden. Häufig wird nicht beachtet, daß Lösungsmittel aus Kunststoffteilen Weichmacher extrahieren, die zur Untergrundfluoreszenz beitragen können.

D. Probenabhängige Analysenparameter

Sowohl die Empfindlichkeit wie die Selektivität fluorimetrischer Analysen hängen von spezifischen Eigenschaften der zu untersuchenden Probe (z.B. Fluoreszenzquantenausbeute und Absorptionsspektrum), der Instrumentation und Eigenschaften des Lösungsmittels ab. Innerhalb der vorangegangenen Abschnitte über Instrumentation und Lösungsmittel wurden die für Empfindlichkeit, Selektivität (und Wiederholbarkeit) relevanten instrumentellen und Lösungsmittel-bedingten Faktoren besprochen. Der vorliegende Abschnitt befaßt sich mit den Probenabhängigen Analysenparametern (insbesondere „Anregungswellenlänge" und „Fluoreszenz-Schlüsselbande") und deren Optimierung.

1. Anregungswellenlänge

Die Empfindlichkeit E_g einer fluorimetrischen Analyse kann formal dargestellt werden als:

$$E_g = F_p \cdot I - L_U. \tag{15}$$

Hierbei sind F_p die Summe der probenabhängigen Eigenschaften, soweit sie Einfluß auf die Analysenempfindlichkeit haben, I die Summe der entsprechenden instrumentellen Eigenschaften und L_U die Emission des Lösungsmittels (Raman-Emission und Fluoreszenz von Lösungsmittel-Verunreinigungen, Kapitel III.C).

Aus Gl. (1) (Kapitel III.A) erhält man für die vom Instrument und der Lösungsmittelemission unabhängige Empfindlichkeit (als Gradient der linearen Analysenfunktion):

$$\frac{dS}{dC} = Q_F \varepsilon_m. \tag{16}$$

Die Quantenausbeute Q_F der Fluoreszenz (Kapitel II.D) ist unter gegebenen Bedingungen (Lösungsmittel, Temperatur usw.) eine Stoff-spezifische Konstante, während die Anregungswellenlänge m innerhalb des Spektralbereichs, in dem die Substanz absorbiert, im Prinzip frei gewählt werden kann, womit sich unterschiedliche Beträge für den molaren Extinktionskoeffizienten ε_m in Gl. (16) ergeben.

dS/dC ist am größten, wenn in die intensivste Absorptionsbande der Substanz ($\varepsilon_m = \varepsilon_{max}$) angeregt wird. Im praktischen Fall kann sich jedoch aus Gründen, die apparativ, durch das Lösungsmittel oder die Zusammensetzung der Probe bedingt sind, eine andere Anregungswellenlänge als vorteilhafter erweisen. Hierauf wird weiter unten eingegangen.

Einige grundsätzliche — im Termschema (und damit indirekt strukturell) begründete — Faktoren, die die Quantenausbeute der Fluoreszenz organischer Verbindungen bestimmen, wurden im Kapitel II besprochen. Bei komplizierten, mehrfach heterofunktionalisierten Verbindungen erweist es sich bisher als unmöglich, *verläßliche* Schlüsse aus der Struktur der Verbindungen auf ihre Fluoreszenzfähigkeit zu ziehen. Zwar sind hierzu auf empirischem Wege einige Regeln abgeleitet worden [14], sie sind jedoch nur in begrenztem Maße von Nutzen.

Meist wird man anstreben, die der Substanz inhärente Fluoreszenzquantenausbeute analytisch weitgehend zu nutzen und Effekte zu vermeiden, die die Quantenausbeute scheinbar oder real verringern. — In konzentrierten Lösungen einer fluoreszierenden Substanz kann ein Teil des emittierten Lichtes von der Substanz selbst absorbiert werden („Reabsorption"). Unabhängig von der Konzentration tritt der Effekt um so stärker auf, je kleiner die Energiedifferenz zwischen der längstwelligen Absorptions- und der kürzestwelligen Fluoreszenzbande (im allgemeinen die 0,0-Banden) ist (siehe Kapitel II.B, Gl. (13)). — Außer durch Reabsorption können Reduktionen der Fluoreszenzquantenausbeute auftreten, wenn Fluoreszenzlöscher in der Lösung anwesend sind (Kapitel II.F). Aus Gl. (42) (Kapitel II.D) ergibt sich, daß die Reduktion der Fluoreszenzquantenausbeute bei unterschiedlichen fluoreszierenden Substanzen um so größer ist, eine je kleinere Geschwindigkeitskonstante der Fluoreszenzübergang hat, d.h. Verbindungen mit langer Fluoreszenzlebensdauer sind besonders „Quencher-empfindlich". — Führt man Raumtemperatur-Fluorimetrie nicht unter Luftausschluß durch, so ist molekularer Sauerstoff als sehr effektiver Fluoreszenzquencher immer im System vorhanden. Die Fluoreszenz nur weniger Verbindungen ist unempfindlich gegenüber Sauerstoff; im allgemeinen erfolgt eine strahlungslose Desaktivierung der fluoreszenzfähigen Moleküle durch Charge-Transfer-Komplex-Bildung und Erhöhung der intersystem-crossing (ISC)-Rate (siehe auch Kapitel II). Für den Löscheffekt gilt die Stern-Volmer-Gleichung (55) (Kapitel II.F):

$$\frac{F_0}{F} = 1 + k_q\,[Q]\,\tau_f^0, \qquad\qquad ((55),\ \text{Kapitel II.F})$$

wobei F_0 die Fluoreszenzintensität bei Sauerstoff-Abwesenheit, F bei Anwesenheit von Sauerstoff in einer Konzentration [Q], k_q die bimolekulare Geschwindigkeitskonstante der Fluoreszenzlöschung und τ_f^0 die Fluoreszenzlebensdauer bei Sauerstoff-Abwesenheit bedeuten. Aus Gl. (55) lassen sich folgende analytisch relevante Schlüsse ziehen:

(1) Der weitgehende Ausschluß von Sauerstoff garantiert immer die höchste Fluoreszenzintensität (Fluoreszenzquantenausbeute). Wird diese in einer gegebenen analytischen Situation benötigt und ist τ_f^0 groß, so ist das Arbeiten im „entgasten" Lösungsmittel und unter Luftausschluß erforderlich (siehe auch Kapitel III.B.5). Eine in praktischer Hinsicht vorteilhafte Alternative zum Arbeiten unter

Sauerstoffausschluß ist in vielen Fällen die Durchführung der Analyse in einer festen Matrix bei tiefer Temperatur (Tieftemperatur-Fluorimetrie, Kapitel IV.A): Da die Sauerstoff-induzierte Fluoreszenzlöschung ein diffusionskontrollierter Prozeß ist, bleibt sie in der festen Matrix vernachlässigbar klein.

(2) Wird die Sauerstoff-Konzentration im Lösungsmittel konstant gehalten, so sind gut reproduzierbare quantitative fluorimetrische Analysen realisierbar. Da das Sauerstoff-Lösungsgleichgewicht lediglich von der Temperatur abhängt, ist nur auf Temperatur-Konstanz zu achten, die auch aus anderen Gründen (Temperaturabhängigkeit der Fluoreszenzquantenausbeute usw., siehe auch Kapitel III.F.1) bei quantitativen fluorimetrischen Analysen erforderlich ist. — Für Verbindungen der gleichen Stoffklasse (z.B. polycyclische aromatische Kohlenwasserstoffe) bei gleicher Temperatur und Lösungsmittel (z.B. Cyclohexan, O_2-gesättigt, Raumtemperatur) besteht eine jeweils einheitliche lineare Korrelation zwischen, F_0/F (Gl. (55)) und τ_f^0, die auf $\pm 20\%$ eine Abschätzung von Fluoreszenzlebensdauern gestattet [15].

Die optimale Wahl der Anregungswellenlänge m (siehe Gl. (16)) hängt für eine gegebene Verbindung M von der Probenzusammensetzung, instrumentellen Voraussetzungen, dem Lösungsmittel und der analytischen Aufgabenstellung ab. — Im einfachsten Fall befinden sich außer M keine anderen Verbindungen in der Untersuchungslösung (Ein-Komponenten-Analyse). Diese Situation ist z.B. dann gegeben, wenn ein Mehr-Komponenten-Gemisch mit Hilfe eines chromatographischen Verfahrens (z.B. Dünnschicht- oder Hochdruck-Flüssigkeits-Chromatographie) so weit aufgetrennt wurde, daß jede Fraktion (Eluat) nur eine Komponente enthält, die fluorimetrisch qualitativ nachgewiesen und/oder quantitativ bestimmt werden soll. Ist die intensivste Absorptionsbande der zu bestimmenden Verbindung M nicht die längstwellige Bande und hat die Strahlungsquelle im Spektralbereich dieser intensivsten Absorptionsbande hohe Intensität, so wird man in jedem Fall in diese Bande anregen. Häufig ist eine intensive Absorptionsbande auch die längstwellige. Wenn die Energiedifferenz zwischen dieser Absorptionsbande und der kürzestwelligen Fluoreszenzbande klein ist, so kann gelegentlich der durch ε_{max} gegebene Vorteil (Gl. (16)) durch einen größeren Anteil von Streulicht der Anregungsquelle und Raman-Streuung vom Lösungsmittel, die in den Spektralbereich des Fluoreszenzspektrums fallen, verloren gehen; in diesem Fall ist die Anregung in eine schwächere und kürzerwellige Absorptionsbande von Vorteil. Der nächst kompliziertere Fall liegt vor, wenn in der Probe außer der fluoreszierenden Komponente M noch andere Komponenten N, O, P, ... anwesend sind, die sämtlich im gleichen Spektralbereich wie M absorbieren, aber keine Fluoreszenz zeigen. Der größere Anteil des Anregungslichtes wird von den Komponenten N, O, P, ... absorbiert, wenn diese größere Extinktionskoeffizienten haben als M und/oder in wesentlich höherer Konzentration als M vorliegen. Bei der Wahl der Anregungswellenlänge m müssen jetzt vier Faktoren berücksichtigt werden: (1) Die Komponente M sollte bei der Wellenlänge m einen großen Extinktionskoeffizienten ε_m haben. (2) Bei der Wellenlänge m sollte das Verhältnis

$$K_M = \frac{\varepsilon_M c_M}{\varepsilon_M c_M + \varepsilon_N c_N + \dots},\qquad(17)$$

wobei ε und c die Extinktionskoeffizienten resp. Konzentrationen der Komponenten M, N, O, P, ... bedeuten, möglichst groß sein. (3) Der Anteil von „störendem" Licht (Streulicht von der Anregungsquelle, Raman-Emission des Lösungsmittels) im Spektralbereich der Fluoreszenz von M sollte klein sein. (4) Die Wellenlänge m sollte in einem Spektralbereich liegen, in dem die Anregungsquelle hohe Intensität aufweist. Es ist offensichtlich, daß in vielen Fällen bei der Erfüllung dieser Bedingungen nur ein Kompromiß gelingt (siehe hierzu auch Kapitel III.F.2).

Schließlich sei der komplizierteste Fall betrachtet, der sich von dem voranstehend diskutierten dadurch unterscheidet, daß die Komponenten N, O, P, ... im Spektralbereich der Fluoreszenz von M ebenfalls fluoreszieren. Läßt sich eine Anregungswellenlänge m finden, bei der K_M (Gl. (17)) sehr groß ist (und auch die übrigen oben aufgeführten Bedingungen erfüllt werden), so gelingt die „selektive" Anregung der M-Fluoreszenz: Das Fluoreszenzspektrum der Probe ist mit dem von reinem M identisch. Gibt es für jede der in der Mischung anwesenden Komponenten jeweils eine Wellenlänge m, bei der K_n groß ist, so kann man die ungestörten Fluoreszenzspektren aller Komponenten der Mischung reproduzieren. In Gl. (4) (Kapitel III.A) bedeuten i, j, k, ... jetzt die Fluoreszenzspektren der einzelnen Komponenten, m_i, m_j, m_k, ... sind jeweils 1, n ist die Zahl der Komponenten in der Mischung und die Selektivität der fluorimetrischen Analyse wird in diesem Fall durch geeignete Wahl der Anregungswellenlängen erreicht.

Je komplizierter die Zusammensetzung einer Mischung ist, um so unwahrscheinlicher wird, daß sich für alle Komponenten Anregungswellenlängen finden lassen, bei denen K_n groß ist. Die fluorimetrische Erfaßbarkeit der einzelnen Komponenten hängt jetzt wesentlich von der optimalen Wahl der Fluoreszenz-„Schlüsselbanden" ab (Kapitel III.D.2), wenn nicht andere die Selektivität der Analyse steigernde Maßnahmen angewendet werden (siehe Kapitel IV).

Bei allen voranstehenden Überlegungen wurde davon Gebrauch gemacht, daß die Intensität der Fluoreszenz einer Verbindung proportional dem Extinktionskoeffizienten bei der Anregungswellenlänge ist. Gl. (1) (Kapitel III.A) kann man umformen zu:

$$S = Q_F I_0 \varepsilon_m C K_a, \tag{18}$$

wobei S die Fluoreszenzintensität (Signalstärke) bedeutet. Nimmt man an, daß I_0 unabhängig von der Anregungswellenlänge und K_a unabhängig sowohl von der Anregungs- wie der Emissionswellenlänge ist, so ergibt sich:

$$S = \text{const } Q_F \varepsilon_m C. \tag{19}$$

Über den gesamten Spektralbereich des Fluoreszenz- und Absorptionsspektrums gilt:

$$S(\lambda) = \text{const } Q_F \varepsilon(\lambda) C. \tag{20}$$

Und schließlich, da Q_F von der Anregungswellenlänge unabhängig ist:

$$S(\lambda) = \text{const } \varepsilon(\lambda) C. \tag{21}$$

Die Gl. (18) bis (21) gelten allerdings nur für hohe Verdünnung der Lösungen (siehe Kapitel III.F.1). Unter dieser Bedingung und mit $I_0 = $ const ergibt die Auftragung der integralen Fluoreszenzintensität oder die einer einzelnen Bande über der Anregungswellenlänge eine mit dem UV-Absorptionsspektrum der Verbindung identische Kurve („Fluoreszenz-Anregungs-Spektrum"). Im allgemeinen ist jedoch I_0 wellenlängen-abhängig, so daß das Fluoreszenz-Anregungs-Spektrum gegenüber dem Absorptionsspektrum „verzerrt" ist („Unkorrigiertes Fluoreszenz-Anregungs-Spektrum"). Das unkorrigierte Fluoreszenz-Anregungs-Spektrum kann in das (korrigierte, wahre) Fluoreszenz-Anregungsspektrum manuell überführt werden, wenn man die spektrale Charakteristik der Anregungsquelle (Kapitel III.B.1) kennt [16]. Heute sind auch Fluoreszenzspektrometer auf dem Markt, die direkt die Messung korrigierter Fluoreszenz-Anregungs-Spektren gestatten (Kapitel III.B.6).

Korrigierte Fluoreszenz-Anregungs-Spektren sind analytisch sehr nützlich:

(1) Man kann sie bei wesentlich niedrigeren Konzentrationen erhalten als sie für die Messung der Absorptionsspektren erforderlich sind.

(2) Häufig lassen sich aus dem Fluoreszenz-Anregungs-Spektrum einer Mischung (von der nicht alle Komponenten Fluoreszenz bei der gleichen Wellenlänge aufweisen) Schlüsse auf die qualitative Zusammensetzung der Probe eher ziehen als aus dem Absorptionsspektrum.

Die mit üblichen Spektrometern erhaltenen Fluoreszenzspektren sind gegenüber den „wahren" Fluoreszenzspektren hinsichtlich ihrer relativen Intensitätsverteilung ebenfalls verfälscht (Kapitel III.B.6). Sie lassen sich prinzipiell in die „korrigierten" Spektren überführen, die aber gegenüber den unkorrigierten Registrierkurven in analytischer Hinsicht im allgemeinen keine Vorteile bieten. Hier besteht, was den analytischen Nutzen anbelangt, ein charakteristischer Unterschied zwischen korrigierten Fluoreszenz-Anregungs- und Fluoreszenz-Spektren.

2. Fluoreszenz-Schlüsselbande

Fluoreszenzspektren bestehen aus einer einzigen unstrukturierten Bande oder aus mehreren Banden. Manche Substanzen haben sehr bandenreiche Fluoreszenzspektren. Als Beispiele sind in Abb. III.14a und b die Fluoreszenzspektren von Chinin-bisulfat und Coronen wiedergegeben. — In jedem Fall ist die relative Fluoreszenzintensität eine Funktion der Fluoreszenzwellenlänge. Für quantitative fluorimetrische Analysen wird man eine „Schlüsselbande" wählen, die hohe Intensität besitzt und nicht von „falschem Licht" (Streulicht usw.) überlagert ist. Die Messung geschieht zweckmäßig im Maximum der Bande und nicht auf einer Bandenflanke, da sich dort die Intensität stark mit der Wellenlänge ändert. Quantitative Messungen auf einer Bandenflanke erfordern höhere instrumentelle Spektrenreproduzierbarkeit als Messungen im Bandenmaximum. — Gelingt es bei Mischungen von mehreren fluoreszierenden Substanzen nicht, durch Wahl geeigneter Anregungswellenlängen die jeweils ungestörten Fluoreszenzspektren der einzelnen Substanzen zu reproduzieren (Kapitel III.D.1), so wird man für jede Komponente nach einer Schlüsselbande suchen, die möglichst wenig von Banden der anderen Komponenten überlagert ist. In jedem Fall gelingt unproblematisch die quantitative Messung der kürzest-wellig fluoreszierenden Komponente einer Mischung. Im Prinzip kann man in der Fluorimetrie die aus der Absorptionsspektroskopie gut bekannten Methoden der Analyse von Mehrkomponentensystemen anwenden, d.h. Messung der Fluoreszenzintensität bei n Wellenlängen für ein n-Komponentengemisch und Lösung des Systems von n linearen Gleichungen. Häufig erweist es sich jedoch als zweckmäßiger, durch geeignete Techniken (siehe Kapitel IV) die Selektivität der fluoreszenz-spektroskopischen Untersuchung zu steigern.

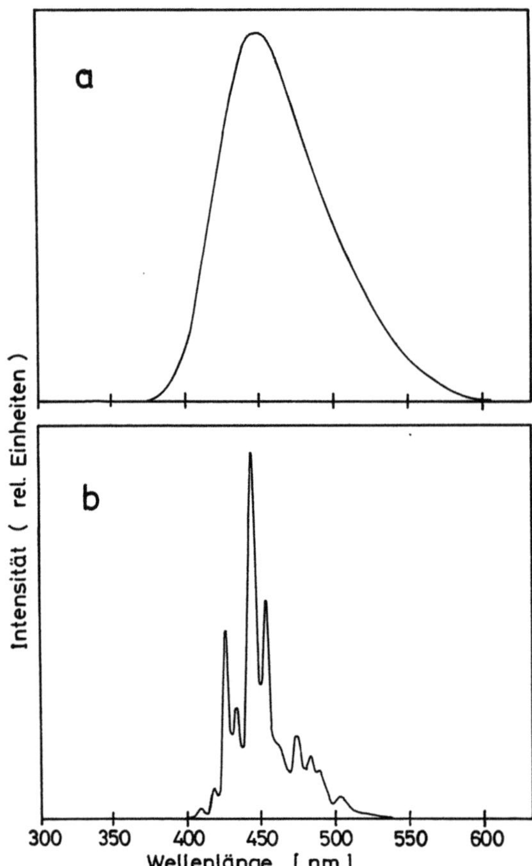

Abb. III.14. Fluoreszenzspektren (Raumtemperatur) von Chinin-bisulfat (in Wasser) (a) und Coronen (in Benzol) (b) (gleiche Wellenlängenskala in beiden Teilabbildungen)

Es ist zwar üblich, das Fluoreszenz-Anregungs-Spektrum und das Fluoreszenzspektrum einer Substanz getrennt darzustellen, aber da die Spektren voneinander unabhängige Funktionen sind, ist eine andere Darstellung der spektralen Information möglich, die anhand von Abb. III.15 erläutert werden soll. In der Abbildung sind für ein hypothetisches Substanzgemisch auf der Ordinate die Anregungswellenlängen, auf der Abszisse die Emissionswellenlängen aufgetragen. In der oberen schraffierten Region ist $\lambda_{\text{(Anregung)}} > \lambda_{\text{(Emission)}}$, d.h., Fluoreszenz kann nicht auftreten. Streulicht tritt am stärksten auf der Graden $\lambda_{\text{Anregung}} = \lambda_{\text{Emission}}$ auf. Stellen gleicher Intensität im Emissions- und Anregungsspektrum sind durch Konturen dargestellt. Das Emissionsspektrum (gemessen bei einer bestimmten Anregungswellenlänge) ergibt sich als horizontaler Schnitt durch die Abbildung, entsprechend das Anregungsspektrum (gemessen bei einer bestimmten Emissionswellenlänge) als vertikaler Schnitt. Es ist bisher nur ein Spektrometer im Handel, das die direkte Messung derartiger „Gesamt-Lumineszenz-Intensitätskontur-Diagramme" gestattet. Obschon solche Diagramme natürlich nicht mehr spektroskopische Information als die getrennt gemessenen Anregungs- und Emissionsspektren enthalten, sind sie vorteilhaft zur Charakterisierung komplex zusammengesetzter Gemische. Sie können als „finger prints" von Proben verwendet werden und gestatten in einfacher Weise häufig die Erkennung auch geringer Unterschiede in der qualitativen und/oder quantitativen Zusammensetzung ähnlicher Proben [17].

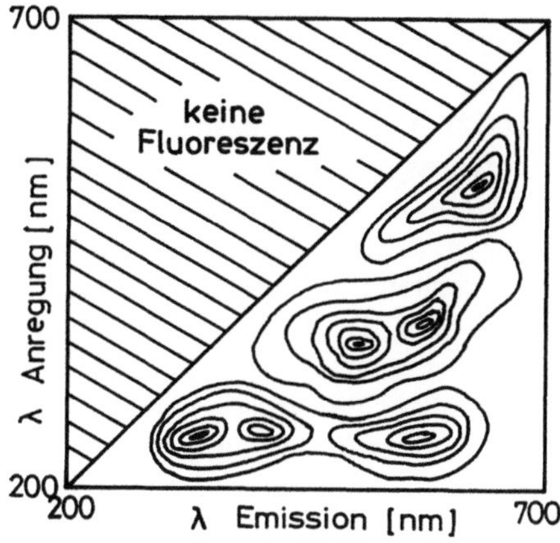

Abb. III.15. Gesamt-Lumineszenz-Intensitätskontur-Diagramm eines hypothetischen Substanzgemisches (nach A. W. Hornig in: Analytical Techniques in Environmental Chemistry. Oxford–New York: Pergamon Press 1980)

E. Qualitative Analyse

Nur in seltenen Fällen wird das Fluoreszenzspektrum einer Verbindung zu ihrer verläßlichen Identifizierung ausreichen (siehe Kapitel III.A). Eine Ausnahme von dieser Regel ist zum Beispiel das Coronen, dessen sehr charakteristisches Fluoreszenzspektrum (Abb. III.14b) eine eindeutige Identifizierung erlaubt. Bei der fluorimetrischen Substanzidentifizierung steht der experimentelle Aufwand, der mit der Messung weiterer Fluoreszenzparameter wie Lebensdauer, Quantenausbeute oder Polarisation verbunden ist, im allgemeinen in keinem vernünftigen Verhältnis zum Nutzen. Steht genügend Substanz zur Verfügung, so liefert zum Beispiel die Messung des Infrarotspektrums in wesentlich kürzerer Zeit wesentlich mehr für die Substanzidentifizierung geeignete Information als fluoreszenzspektroskopische Messungen. Eine andere Situation besteht, wenn eine Substanz, die in sehr verdünnter Lösung vorliegt, identifiziert werden soll und Anreicherungsschritte nicht möglich sind oder aus irgendwelchen Gründen nicht durchgeführt werden sollen. In solchen Fällen wird die Messung des korrigierten Fluoreszenz-Anregungs-

Spektrums (Kapitel III.D.1) vorteilhafter sein als die Messung des Fluoreszenzspektrums: Da das Anregungsspektrum in der Regel aus mehreren elektronischen Übergängen (Kapitel II.A), das Fluoreszenzspektrum hingegen nur aus einem Übergang resultiert, enthält das Anregungsspektrum meist mehr Information als das Fluoreszenzspektrum. Alle Maßnahmen, die die Selektivität der Fluorimetrie erhöhen (Kapitel IV), verbessern auch die Möglichkeiten der fluoreszenzspektroskopischen Substanzidentifizierung. Da bei polaren Substanzen die Energie des Fluoreszenzübergangs, die Schwingungsstruktur des Spektrums oder die Fluoreszenzintensität häufig vom Lösungsmittel abhängen, kann die Variation des Lösungsmittels eine geeignete Methode zur Erhöhung der Signifikanz der Identifizierung sein. In jedem Fall ist zur Identifizierung die Kenntnis der Lumineszenzparameter der authentischen Substanz erforderlich.

In speziellen Situationen kann die Fluoreszenzspektroskopie von großem Nutzen bei der Konstitutionsaufklärung einer unbekannten Substanz sein, zum Beispiel dann, wenn die Substanz in niedriger Konzentration in einer Matrix vorliegt, die die Anwendung anderer instrumentell-analytischer Methoden erschwert oder unmöglich macht. Dieser Fall liegt häufig in der Biochemie vor. So wurde der erste verläßliche Hinweis, daß der carcinogen wirkende Metabolit („ultimate carcinogen") des Benzo[a]-pyrens (II) ein Diol-Epoxid (III) ist, fluoreszenzspektroskopisch erhalten [18]. Der Chromophor in (III) ist das Pyrensystem, das ein recht charakteristisches Fluoreszenzspektrum hat. Hier konnte man den Umstand nutzen, daß Alkyl-Substituenten die Fluoreszenzspektren von aromatischen Kohlenwasserstoffen wenig beeinflussen. Andererseits war es natürlich mit Hilfe der Fluoreszenzspektroskopie nicht möglich, die Funktionalisierung des hydrierten terminalen Rings in (III) aufzuklären. — Ist ein Bauprinzip mit speziellen Fluoreszenzeigenschaften verbunden, so können diese zur Erkennung des Bauprinzips in unbekannten Verbindungen dienen. Aus dem Vergleich des Absorptions- und Fluoreszenzspektrums des Azulens (IV) ergibt sich, daß Azulen überwiegend aus dem S_2-Zustand fluoresziert (Kapitel II.C und II.G). Das gleiche gilt für viele Azulen-Derivate wie Alkyl-, Halogen-, Phenyl- oder Nitro-Azulene, aber auch für anellierte und peri-kondensierte Azulene wie zum Beispiel „Hafners Kohlenwasserstoff" (V). Das seltene Phänomen einer intensiven S_2-Fluoreszenz kann somit zur Erkennung der Azulenstruktur in einer Verbindung vorteilhaft genutzt werden.

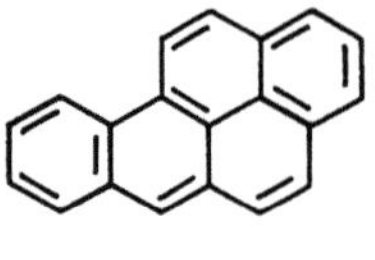

II

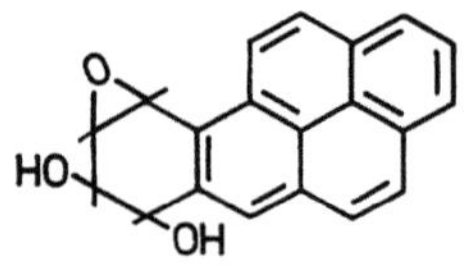

III

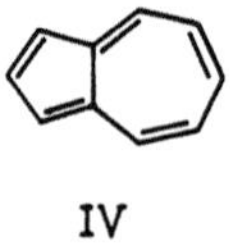

IV

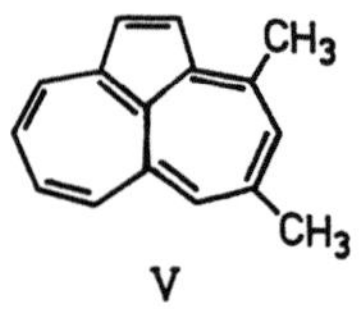

V

F. Quantitative Analyse

Im Prinzip kennt man in der Fluorimetrie drei Methoden zur Konzentrationsbestimmung von Substanzen:

(1) Bei der „direkten Methode" mißt man die Fluoreszenz der Substanz.

(2) Nicht-fluoreszierende Substanzen können durch Derivatisierung in fluoreszierende Substanzen überführt werden („Chemische Methode").

(3) Eine zu bestimmende nicht-fluoreszierende Substanz A kann in quantitativ bekannter Weise die Fluoreszenz einer „Indikatorsubstanz" I löschen, wobei aus der Größe des Löscheffekts auf die Konzentration von A geschlossen wird („Indirekte Methode").

Die „direkte Methode" wird am häufigsten in der Fluorimetrie angewandt. — Die Anwendung der „chemischen Methode" erfordert, daß die Derivatisierung selektiv, quantitativ und schnell durchführbar ist. Auf die Selektivität kann verzichtet werden, wenn sich außer der zu bestimmenden keine anderen Verbindungen in der Untersuchungsprobe befinden. Diese Situation ist häufig gegeben, wenn man chromatographische Trennmethoden (insbesondere Dünnschicht- und Hochdruck-Flüssigkeits-Chromatographie) in Kopplung mit Fluorimetrie anwendet. — Die „indirekte Methode" hat den Nachteil, daß die bei der Analyse von Mehrkomponentengemischen zu stellende Forderung der Selektivität im allgemeinen schwer zu erfüllen ist.

Quantitative Fluorimetrie ist eine „relative Methode" und als solche erfordert sie immer einen Kalibrierungsschritt, d.h., es müssen in irgendeiner Weise Eichmessungen vorgenommen werden (siehe auch Kapitel III.A). In diesem Kapitel werden die Techniken der quantitativen Fluorimetrie besprochen, wobei die „direkte Methode" — da sie die wichtigste ist — im Vordergrund steht.

1. Grundlagen

In Kapitel III.D.1 war schon von Gl. (18) Gebrauch gemacht worden, aber es ist jetzt erforderlich, sie herzuleiten. — Die Intensität F (oder S in Gl. (18)) der Fluoreszenz einer Lösung ist proportional der Quantenausbeute Q_F der gelösten fluoreszierenden Substanz und der Intensität I_a des von der Substanz absorbierten (Anregungs)-lichtes. I_a kann ausgedrückt werden als Differenz der Intensität I_0 des eingestrahlten und der Intensität I_t des durchgelassenen Lichtes. Dann ergibt sich:

$$F = Q_F (I_0 - I_t). \tag{22}$$

Mit dem Lambert-Beerschen Gesetz

$$I_t = I_0 \, 10^{-\varepsilon cd}, \tag{23}$$

(wobei ε den molaren Extinktionskoeffizienten ($1 \cdot mol^{-1} \cdot cm^{-1}$), c die Konzentration ($mol \cdot 1^{-1}$) und d die Schichtdicke der durchstrahlten Lösung (cm) bedeuten) erhält man:

$$F = Q_F I_0 (1 - 10^{-\varepsilon cd}).$$ (24)

Gleichung (24) geht durch Reihenentwicklung über in:

$$F = Q_F I_0 (2,3\varepsilon cd - (2,3\varepsilon cd)^2/2! + \ldots).$$ (25)

Ist die Extinktion $E = \varepsilon cd$ der Lösung kleiner etwa 0,01, können die höheren Glieder der Reihenentwicklung vernachlässigt werden und man erhält:

$$F = 2,3 Q_F I_0 \varepsilon cd.$$ (26)

Gleichung (26) ist die fundamentale Beziehung der quantitativen Fluorimetrie und besagt, daß in genügend verdünnten Lösungen ein linearer Zusammenhang zwischen der Fluoreszenzintensität und der Konzentration der Lösung besteht.

Unerläßlich ist in der quantitativen Fluorimetrie, daß die Fluoreszenzintensität F unter gegebenen Bedingungen mit möglichst kleiner Standardabweichung gemessen werden muß und vorteilhaft, wenn sich der lineare Teil (Gl. (26)) der „Analysenfunktion" über einen möglichst großen Konzentrationsbereich erstreckt.

Geringe Standardabweichung der Intensitätsmessung setzt Konstanz (oder entsprechende Korrekturen) der „äußeren Bedingungen" voraus:

(1) Konstante Erregerintensität I_0 (siehe Kapitel III.B.1).

(2) Hohe Detektorstabilität (kein „Driften" der Anzeige und — insbesondere in der Spurenanalyse (d.h. bei der Messung geringer Intensitäten) — ein großes Signal-zu-Rausch-Verhältnis) (siehe Kapitel III.B.3).

(3) Vernachlässigbare Variation der optischen Eigenschaften (Durchlässigkeit, Eigenfluoreszenz usw.) der Küvetten (siehe Kapitel III.B.5). (Vorteilhaft ist die Verwendung immer derselben Küvette innerhalb eines Analysenablaufs, d.h. für Eichmessung und Probenuntersuchung. Zur Reinigung wird die Küvette mehrere Male mit der zu untersuchenden Lösung gespült.)

(4) Gute Reproduzierbarkeit der Küvettenausleuchtung (siehe auch Kapitel III.B.6, Anregungs/Beobachtungs-Geometrie). Die Reproduzierbarkeit der Küvettenausleuchtung hängt wesentlich von der Qualität der Küvettenhalterung ab. Während Rechteck-Küvetten im allgemeinen in diesem Zusammenhang relativ unproblematisch sind, können erhebliche Schwierigkeiten bei der reproduzierbaren Ausleuchtung von zylindrischen Küvetten auftreten (Kapitel III.B.5). Bei einiger Übung kann man eine relativ gute Reproduzierbarkeit der Ausleuchtung zylindrischer Küvetten erzielen, indem man bei jeder Messung die mit Probenlösung gefüllte Küvette im Strahlengang so justiert, daß das Anzeigegerät maximalen Ausschlag gibt.

(5) Konstanz der Lösungsmitteleigenschaften, soweit sie das Meßergebnis beeinflussen: Optische Durchlässigkeit, Eigenfluoreszenz (Kapitel III.C), Fluoreszenzlöscheigenschaften.

(6) Konstante Temperatur. Bei fluorimetrischen Messungen in fluider Lösung unter Luftzutritt bestimmt die Temperatur die Konzentration des Fluoreszenz-

quenchers Sauerstoff im Lösungsmittel (Kapitel III.D.1). Auch bei Abwesenheit eines Fluoreszenzquenchers ist die Fluoreszenzquantenausbeute Q_F temperaturabhängig. Ist k_{FM} die Geschwindigkeitskonstante des Fluoreszenzübergangs, $\overline{K}$ die Summe der Geschwindigkeitskonstanten der temperatur-unabhängigen und k_t die Geschwindigkeitskonstante der temperatur-abhängigen (strahlungslosen) Desaktivierungsprozesse, so gilt:

$$Q_F = \frac{k_{FM}}{k_{FM} + \overline{K} + k_t \exp\left(-\Delta E_a/kT\right)}. \tag{27}$$

ΔE_a ist eine Aktivierungsenergie, k die Boltzmann-Konstante. Schließlich ist auch die Viskosität des Lösungsmittels temperaturabhängig. Sie beeinflußt (sowohl bei An- wie bei Abwesenheit von Quenchern) die Fluoreszenzausbeute.

Der Linearitätsbereich der Analysenfunktion hängt ebenso wie die unterste noch nachweisbare Probenkonzentration (untere Nachweisgrenze, siehe Kapitel III.A) von der Anregungs/Beobachtungs-Geometrie ab (Kapitel III.B.6). Für verdünnte Lösungen ist der Linearitätsbereich bei Anwendung der „90°-Konfiguration" am größten. Das gleiche gilt für das Steigungsmaß des linearen Teils der Analysenfunktion. Typische in 90°-Konfiguration erhaltene Analysenfunktionen (Chininsulfat, Anthracen) sind in Abb. III.16 wiedergegeben.

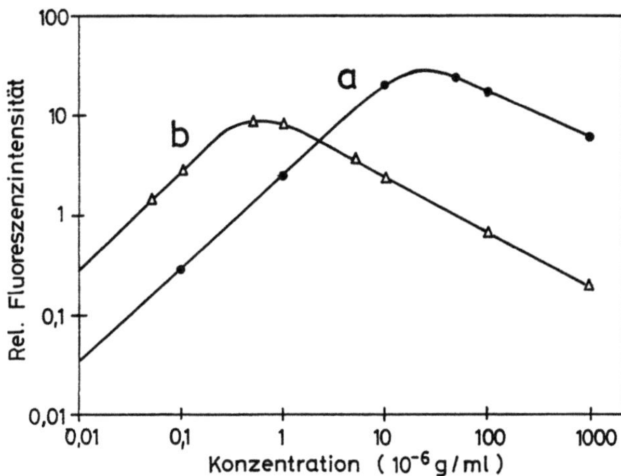

Abb. III.16. Fluorimetrische Analysenfunktionen (1-cm-Zelle, 90°-Anregungs/Beobachtungs-geometrie) für die fluorimetrische Bestimmung von Chinin-bisulfat (a) und Anthracen (b) (nach J. D. Winefordner, S. G. Schulman, T. C. O'Haver: Luminescence Spectrometry in Analytical Chemistry. London: Wiley-Interscience 1972)

Die für die quantitative fluorimetrische Bestimmung benötigte Analysenfunktion wird durch Messung der Fluoreszenzintensität von Eichlösungen mit bekannten (vorgegebenen) Konzentrationen der zu bestimmenden Verbindung gewonnen. Selbstverständlich müssen die Eichmessungen unter völlig gleichen Bedingungen wie die eigentliche Probenmessung vorgenommen werden. Um systematische Fehler durch nicht ausreichende Langzeitstabilität der Erregerintensität, Detektorempfindlichkeit, optischen Eigenschaften des Spektrometers (z.B. Lichtstreuung in den Monochromatoren) u.a. auszuschließen, empfiehlt es sich, die Eichmessungen häufiger zu wiederholen (z. B. vor Beginn der Untersuchung einer größeren Probenserie). Manchmal genügt es auch, die Konstanz der Eichkurve durch Messung einer einzigen Standardlösung vor der Probenuntersuchung zu prüfen und gegebenenfalls eine entsprechende Korrektur anzubringen.

Selbstverständlich sind für die Messung von Eichkurven hoch-reine Substanzen erforderlich. Zweckmäßig geht man von einem kommerziell erhältlichen Material hoher Reinheit aus und wendet auf dieses so lange weitere Reinigungsoperationen an, bis sich die Fluoreszenzeigenschaften nicht mehr ändern. Dabei ist es von Vorteil, die Reinigungsmethoden zu variieren. Neben den klassischen Reinigungsmethoden (Kristallisation, Chromatographie usw.) sind Zonenschmelzen und fraktionierte Hochvakuumsublimation häufig sehr effektiv. Reinigungsoperationen können jedoch auch versagen und in diesem Fall bedeutet die Konstanz der Fluoreszenzeigenschaften nicht, daß die Substanz keine Verunreinigungen enthält. In solchen Fällen sollte man die benötigte Substanz auf unterschiedlichen Wegen synthetisieren (oder gegebenenfalls von verschiedenen Quellen beziehen), die Materialien reinigen und prüfen, ob die Fluoreszenzeigenschaften der Proben übereinstimmen. Ist dies z. B. bei zwei Proben der Fall, kann man davon ausgehen, daß diese eine sehr hohe Reinheit besitzen, da es in der Regel unwahrscheinlich ist, daß auf unterschiedlichen Wegen synthetisierte Substanzen identische Verunreinigungen enthalten bzw. daß unterschiedliche Verunreinigungen auf Reinigungsoperationen in gleicher Weise reagieren.

2. Innere Filtereffekte

Für konzentrierte Lösungen können die höheren Glieder in Gl. (25) (Kapitel III.F.1) nicht vernachlässigt werden, was sich durch einen Wendepunkt in der Analysenfunktion ausdrückt (Abb. III.16). Man bezeichnet dieses Phänomen als „inneren Pre-Filter-Effekt". Auch in konzentrierten Lösungen wird der Effekt vernachlässigbar klein, wenn die Schichtdicke d der durchstrahlten Lösung (Gl. (25)) klein ist. Daher tritt der innere Pre-Filter-Effekt nicht bei Anwendung der Front-Konfiguration als Anregungs/Beobachtungsgeometrie auf (Kapitel III.B.6). Für die Untersuchung konzentrierter Lösungen ist die Front-Konfiguration von großem Vorteil.

Befinden sich in einer Lösung außer der zu bestimmenden (fluoreszierenden) Substanz M noch weitere Verbindungen N, O, P, ..., die bei der Anregungswellenlänge absorbieren, so geht Gl. (22) (Kapitel III.F.1) über in:

$$F = Q_F K_M (I_0 - I_t), \tag{28}$$

wobei K_M durch Gl. (17) (Kapitel III.D.1) gegeben ist. Entsprechend erhält man anstelle von Gl. (25) jetzt:

$$F = Q_F I_0 \left(2{,}3\varepsilon_M c_M d - (2{,}3d)^2 \frac{\varepsilon_M c_M (\varepsilon_M c_M + \varepsilon_N c_N + \ldots)}{2!} + \ldots \right). \tag{29}$$

Der durch Gl. (29) ausgedrückte Sachverhalt gewinnt besondere Bedeutung, wenn die zu bestimmende Komponente M in sehr niedriger Konzentration und die

Komponenten N, O, P, ... in sehr hohen Konzentrationen in der Lösung anwesend sind. Es sei angenommen, daß für die Kalibrierung der Analyse nur die Komponente M, nicht aber die Komponenten N, O, P, ... zur Verfügung stehen und ferner, daß mit 90°-Konfiguration als Anregungs/Beobachtungs-Geometrie in konzentrierten Lösungen gearbeitet wird. Hat man die Eichkurve nur mit der Komponente M aufgenommen, dann ergibt sich für eine Untersuchungsprobe, die jetzt auch die Komponenten N, O, P, ... enthält, eine geringere Fluoreszenzintensität als die Eichlösung gleicher Konzentration an M hat. Man findet also für die Untersuchungsprobe eine falsche, und zwar zu niedrige Konzentration an M. Ist man aus Gründen der Nachweisempfindlichkeit auf hohe Konzentrationen angewiesen, so ist hier die Anwendung der Front-Konfiguration als Anregungs/Beobachtungs-Geometrie unverzichtbar.

Wenn ein Teil des Fluoreszenzlichtes von der Lösung innerhalb eines Küvettenabschnittes absorbiert wird, in den kein Anregungslicht fällt, so „ermittelt" der Detektor ebenfalls eine Reduktion der Fluoreszenzintensität („Innerer Post-Filter-Effekt"). Auch dieser Effekt kann nicht in der Front-Konfiguration auftreten und in der 90°-Konfiguration nur in konzentrierten Lösungen. Den inneren Post-Filter-Effekt, bei dem die Absorption von Fluoreszenzlicht durch die Lösung in einem mit Anregungslicht ausgefüllten Küvettenabschnitt erfolgt, bezeichnet man als „Reabsorption" (siehe auch Kapitel III.D.1).

3. Mehrkomponentenanalyse

Die vorstehend zur quantitativen fluorimetrischen Analyse gegebenen Informationen bezogen sich implizit auf die Bestimmung 1 Komponente in einem 1- oder n-Komponentensystem. Sie gelten jedoch gleichermaßen für die Bestimmung von n Komponenten in einer Mischung. Bezüglich „Anregungswellenlänge" und „Schlüsselbande" müssen eine Reihe von Bedingungen beachtet werden, die im Kapitel III.D besprochen wurden. Für jede der zu bestimmenden Komponenten muß die Analysenfunktion ermittelt werden. Lassen sich keine Anregungswellenlängen und/oder Schlüsselbanden finden, die es gestatten, die Bestimmung jeder Komponente als 1-Komponentenanalyse zu behandeln (keine Überlagerung von Fluoreszenzbanden mehrerer Verbindungen), so können die aus der Absorptionsspektroskopie bekannten Methoden der Mehrkomponentenanalyse angewandt werden (Kapitel III.D.2). Ein „überbestimmtes" System von linearen Gleichungen ist dabei zur Erzielung genauer Analysen von Vorteil, aber der rechnerische Aufwand kann groß werden und in komplizierten Fällen nur computer-unterstützt zu bewältigen sein.

Gesamt-Lumineszenz-Intensitätskontur-Diagramme (Kapitel III.D.2) bzw. entsprechende drei-dimensionale Darstellungen (y-Achse: Anregungswellenlänge, x-Achse: Emissionswellenlänge, z-Achse: Intensität) sog. „Stereofluorographen" [19] können prinzipiell in der Mehrkomponentenanalyse angewendet werden. Grundsätzlich ist es möglich, den output von Anordnungen, die direkt Stereofluorographen liefern, mit einem Rechner zu koppeln, der die Information in bezug auf die Zusammensetzung der Untersuchungsprobe verarbeitet.

G. Chromatographie/Fluorimetrie-Kopplungen

Off-line- und on-line-Kopplungen chromatographischer Trennmethoden mit der Fluorimetrie spielen in der modernen Analytik eine bedeutende Rolle.

Fluoreszierende Substanzen können direkt auf Dünnschichtchromatogrammen untersucht werden. Die meisten im Handel befindlichen Fluoreszenzspektrometer sind hierfür geeignet. Aber speziell für die fluorimetrische Auswertung von Dünnschichtchromatogrammen konzipierte Geräte sind von Vorteil. Bezüglich der quantitativen Bestimmung von fluoreszierenden Substanzen im adsorbierten Zustand gelten die gleichen Gesetzmäßigkeiten wie in der Lösungsfluorimetrie. Dünnschicht- und Papierchromatogramme können fluoreszenzspektroskopisch auch bei tiefer Temperatur untersucht werden [20], wobei vorzugsweise flüssiger Stickstoff als Kühlmedium verwendet wird. Durch das Arbeiten bei tiefer Temperatur kann in manchen Fällen die Nachweisempfindlichkeit gesteigert werden. Nachweisgrenzen für fluoreszierende Verbindungen auf Dünnschichtchromatogrammen liegen bei etwa 10^{-11} g [21].

Auch in der Hochdruck-Flüssigkeits-Chromatographie wird die Fluoreszenzmessung als Detektionsmethode angewandt [22]. Moderne Hochdruck-Flüssigkeits-Chromatographen sind mit Fluoreszenzdetektoren ausgerüstet, die die manuelle Einstellung beliebiger Anregungs- und Emissionswellenlängen ebenso wie die direkte Messung der Fluoreszenzspektren nach dem „stop-and-go-Prinzip" gestatten. Wegen der hohen Empfindlichkeit und Selektivität der Fluorimetrie bietet ihre Kopplung mit Hochdruck-Flüssigkeits-Chromatographie viele Vorteile. Die Detektion nicht-fluoreszierender Verbindungen bei hochdruck-flüssigkeits-chromatographischen Analysen kann durch geeignete Derivatisierung ermöglicht werden („Chemische Methode", siehe Kapitel III.F).

Ausführliche Informationen über Chromatographie/Fluorimetrie-Kopplungen sind in den zahlreichen Monographien über chromatographische Verfahren enthalten.

Literatur zu Kapitel III

Monographien zum Gesamtgebiet:

1. Lumb, M. D. (ed.): Luminescence Spectroscopy. London–New York–San Francisco: Academic Press 1978
2. Winefordner, J. D., Schulman, S. G., O'Haver, T. C.: Luminescence Spectrometry in Analytical Chemistry. London: Wiley-Interscience 1972
3. Guilbaut, G. G.: Practical Fluorescence — Theory, Methods and Techniques. New York: Marcel Dekker 1973
4. Parker, C. A.: Photoluminescence of Solutions. Amsterdam–London–New York: Elsevier 1968
5. Zander, M.: Phosphorimetry. New York–London: Academic Press 1968

Im Text zitierte Arbeiten:

1. Berlman, I. B.: Handbook of Fluorescence Spectra of Aromatic Molecules. New York–London: Academic Press 1965
2. Schiff, P.: Electronics 5, 130 (1968); Langelaar, J., de Vries, G. A., Bebelaar, D.: J. Phys. E. (Sci. Instrum.) 2, 149 (1969)

3. Topp, J. A., Schmid, W. J.: Rev. Sci. Instrum. *42*, 1683 (1971)

4. Perlman, D. E.: Rev. Sci. Instrum. *37*, 340 (1966)

5. Lengyel, B. A.: Lasers (2nd ed.). New York: Wiley-Interscience 1971

6. Melhuish, W. H.: J. Opt. Soc. Am. *54*, 183 (1964)

7. Abernethy, J. D. W.: Physics Bulletin *24*, 591 (1973); Zucca, R., Shen, Y. R.: Appl. Optics *12*, 1293 (1973)

8. Parker, C. A., Rees, W. T.: Analyst *87*, 83 (1962)

9. Parker, C. A., Barnes, W. J.: Analyst *82*, 606 (1957)

10. Zander, M.: Z. Naturforsch. *35a*, 779 (1980)

11. Schneider, F., Zander, M.: Ber. Bunsenges. *75*, 887 (1971)

12. Schulman, S. G.: Fluorescence and Phosphorescence Spectroscopy. Oxford: Pergamon Press 1977

13. Hesse, G., Schildknecht, H.: Angew. Chem. *67*, 737 (1955)

14. Williams, R. T., Bridges, J. W.: J. Clin. Pathol. *17*, 371 (1964)

15. Berlman, I. B., Walter, T. A.: J. Chem. Phys. *37*, 1888 (1962)

16. Parker, C. A., Rees, W. T.: Analyst *85*, 587 (1960)

17. Hornig, A. W. in: Analytical Techniques in Environmental Chemistry. Oxford–New York: Pergamon Press 1980, Seite 127–134

18. Ivanovic, V., Geacintov, N. E., Weinstein, I. B.: Biochem. Biophys. Res. Commun. *70*, 1172 (1976)

19. Schachter, M. M., Haenni, E. O.: Anal. Chem. *36*, 2045 (1964)

20. Zander, M., Schimpf, U.: Angew. Chem. *70*, 503 (1958); Zander, M.: Erdöl und Kohle *15*, 362 (1962)

21. Hezel, U.: Angew. Chem. *85*, 334 (1973)

22. Engelhardt, H.: Hochdruck-Flüssigkeits-Chromatographie. Berlin–Heidelberg–New York: Springer 1977

Kapitel IV

Spezielle fluorimetrische Techniken

In den letzten etwa 10 Jahren sind zahlreiche spezielle Techniken auf dem Gebiet der Fluorimetrie entwickelt worden, die teils auf inhärenten Eigenschaften des Fluoreszenzphänomens, teils auf instrumentellen Fortschritten basieren. Ein Beispiel für die erste Gruppe von Techniken ist die „Quenchofluorimetrie", die die Selektivität der Fluoreszenzlöschung nutzt. Die Derivativ- und Wellenlängen-Modulations-Fluorimetrie sind Beispiele für die zweite Gruppe von Techniken. Diese speziellen Techniken gestatten häufig erhebliche Verbesserungen der Empfindlichkeit und Selektivität fluorimetrischer Analysen.

Die methodischen Grundlagen der Fluorimetrie, wie sie im Kapitel III dargestellt wurden, gelten auch für die speziellen Techniken. Aber bei ihrer Anwendung müssen zusätzliche Bedingungen beachtet werden.

Die meisten der in den letzten Jahren entwickelten fluorimetrischen Methoden lassen sich auf modernen kommerziellen Geräten durchführen; gelegentlich ist es erforderlich, das Spektrometer durch Apparateteile zu ergänzen, die jedoch ebenfalls im Handel sind (zum Beispiel Laser als Anregungsquellen).

In diesem Kapitel werden die wichtigsten speziellen fluorimetrischen Techniken behandelt, wobei jeweils das Grundprinzip sowie anwendungsrelevante instrumentelle und methodische Details vorgestellt werden.

A. Tieftemperatur-Fluorimetrie

Fluorimetrie in einer festen (transparenten) Matrix bei tiefer Temperatur (vorzugsweise 77 K unter Verwendung von flüssigem Stickstoff als Kühlmedium) weist gegenüber der Raumtemperatur-Fluorimetrie in fluider Matrix eine Reihe von Vorteilen auf:

(1) Bei den meisten fluoreszierenden Verbindungen zeichnen sich die in fester Matrix bei tiefer Temperatur gemessenen Fluoreszenzspektren durch kleinere Halbwertsbreiten der Banden und ausgeprägtere Schwingungsstruktur aus, d.h., die Spektren sind bandenreicher und enthalten daher mehr analytisch nutzbare Information. Die daraus resultierenden Vorteile bei der fluorimetrischen Identifizierung von Verbindungen und der Mehrkomponentenanalyse sind offensichtlich (siehe auch Kapitel III). (2) Wegen der Minimierung diffusionskontrollierter Löschprozesse steigt die Fluoreszenzintensität im allgemeinen mit abnehmender Temperatur (zunehmender Viskosität des Lösungsmittels). Dies ist zum Teil auch

darauf zurückzuführen, daß unimolekulare strahlungslose Desaktivierungsprozesse häufig einen positiven Temperaturkoeffizienten haben. (3) Photochemische Reaktionen, z.B. mit dem Lösungsmittel, werden minimiert.

Für die Tieftemperatur-Fluorimetrie geeignete Lösungsmittel wurden im Kapitel III.C angegeben. Im allgemeinen empfiehlt es sich, die Abkühlung der bei Raumtemperatur hergestellten Lösung so rasch als möglich vorzunehmen, da hierdurch das Ausscheiden von Mikrokristallen (Kapitel III.C), die die Reproduzierbarkeit fluorimetrischer Analysen stark beeinträchtigen, minimiert wird. Mit der Möglichkeit der Mikrokristallbildung sollte immer gerechnet werden, außer wenn sehr leicht lösliche Verbindungen untersucht werden oder in sehr verdünnten Lösungen gearbeitet wird. — Was die optimale Zeitspanne zwischen Herstellung des Glases und Beginn der spektroskopischen Messung anbelangt, ist zu beachten, daß (1) viele organische Lösungsmittel relativ schlechte Wärmeleiter sind, (2) organische „Gläser" (bei tiefer Temperatur) zeit-abhängige Relaxationsprozesse durchlaufen, die sowohl die Viskosität der Matrix wie die „Mikro-Umgebung" der gelösten Substanz beeinflussen können. Der erste Effekt wird allerdings minimiert, wenn man zylindrische Küvetten mit kleinem Durchmesser verwendet, der zweite Effekt, wenn die Temperatur im Kühlmedium um wenigstens 30 °C unterhalb der Glasumwandlungstemperatur des Lösungsmittels liegt. Leider finden sich in der Literatur Glasumwandlungstemperaturen nur von relativ wenigen organischen Lösungsmitteln; andererseits gibt es umfangreiche Zusammenstellungen der Viskosität bei 77 K organischer Gläser [1] und wenn andere Faktoren unberücksichtigt bleiben können, empfiehlt sich immer die Verwendung des Glases mit der höchsten Viskosität bei 77 K. — Ein anderes Problem, das insbesondere bei der Untersuchung polarer Substanzen in polaren, aus mehreren Komponenten bestehenden organischen Gläsern auftreten kann (das viel verwendete „EPA", eine Mischung von Ethanol, Isopentan und Ether im Vol.-Verhältnis 2:5:5 ist ein Beispiel) besteht darin, daß sich Moleküle einer gelösten Verbindung in unterschiedlicher „Mikro-Umgebung" („Lösungsmittelkäfig") befinden können. In fluiden Lösungen bei Raumtemperatur werden diese Unterschiede während der Lebensdauer der emittierenden Moleküle (wegen der freien Beweglichkeit der Lösungsmittel-Moleküle) herausgemittelt. Aber in festen Gläsern sind Lösungsmittelrelaxationsprozesse langsam („eingefroren") und Unterschiede in der Mikro-Umgebung der gelösten Moleküle bleiben möglicherweise während der Lebensdauer der emittierenden Spezies erhalten. Als experimentell beobachtbare Folgen können bei einheitlichen Substanzen Verluste an Schwingungsstruktur, nicht-exponentielles Abklingen der Fluoreszenz und Abhängigkeiten der Fluoreszenzintensität von der Anregungswellenlänge auftreten. Wenn immer möglich sollten nur aus einer Komponente bestehende und/oder unpolare Lösungsmittel verwendet werden. — Bei der Auswertung von Literatur ist zu berücksichtigen, daß Konzentrationsangaben sich meist auf die Lösung bei Raumtemperatur beziehen, bei der Abkühlung aber starke Lösungsmittelkontraktionen auftreten; so erfährt EPA beim Abkühlen von Raumtemperatur auf 77 K eine Volumenkontraktion von etwa 30 %.

Moleküle in einer festen Matrix weisen eine hinsichtlich der Orientierung ihrer Molekülachsen zwar statistische Verteilung auf, aber diese Verteilung ist (durch die feste Matrix) fixiert, d.h., sie ändert sich nicht während der Lebensdauer der angeregten Moleküle. Im Kapitel II.A wurde gezeigt, daß elektronische Übergänge in Molekülen wegen des vektoriellen Charakters des Übergangsmomentintegrals bezüglich der Molekülkoordinaten fixiert sind, d.h. anschaulich, daß man sich in den Molekülen hinsichtlich ihrer Vektorrichtung fixierte kleine Dipole vorstellen kann, die mit dem Strahlungsfeld wechselwirken. Regt man die Fluoreszenz mit linear polarisiertem Licht an, so werden nur die Moleküle absorbieren (und emittieren), deren Dipol-Vektorrichtung mit der Richtung (des elektrischen Vektors) der polarisierten Anregungsstrahlung zusammenfällt. Man kann auf diese Weise eine Anisotropie der emittierenden Moleküle erreichen. Das emittierte Licht hat eine Komponente, die parallel zum Erregerlicht polarisiert ist (Intensität I_p) und eine senkrecht dazu polarisierte (I_s). Der Polarisationsgrad ρ ist definiert als:

$$\rho = \frac{I_p - I_s}{I_p + I_s}.\tag{1}$$

Der mit einfachen Mitteln meßbare Polarisationsgrad der Fluoreszenz als Funktion der Wellenlänge ergibt die „Polarisationsgradspektren". Hält man die Fluoreszenz-Schlüsselbande fest und variiert die Erregerwellenlänge, so erhält man das auf die Absorptionsübergänge bezogene Polarisationsgradspektrum. Regt man dagegen bei einer festen Wellenlänge an und mißt die Polarisation der Fluoreszenz über ihren gesamten Spektralbereich, so erhält man das auf den Fluoreszenzübergang bezogene Polarisationsgradspektrum. Die beiden Spektren sind für jede Substanz charakteristisch und obwohl ihre Hauptbedeutung auf dem Gebiet der Theorie der Elektronenspektren liegt (Zahl und Orientierung der Übergänge, verborgene Absorptionsbanden, Symmetrie von Schwingungen, Spin-Bahn-Kopplungs-Mechanismen usw.), sind sie grundsätzlich auch für analytische Zwecke verwendbar [2].

Bei Tieftemperaturmessungen in einer festen Matrix beobachtet man in vielen Fällen neben dem Fluoreszenzspektrum auch das Phosphoreszenzspektrum der gelösten Substanz. Die analytische Nutzung der Phosphoreszenz organischer Moleküle hat in den letzten 10 Jahren große Bedeutung gewonnen. Fluorimetrie und „Phosphorimetrie" [3] erweisen sich bei vielen analytischen Problemstellungen als komplementäre Methoden.

B. Shpol'skii-Fluorimetrie

Am Beispiel der polycyclischen aromatischen Kohlenwasserstoffe kann man am besten den Einfluß von Lösungsmittel und Temperatur auf Bandenbreiten und Schwingungsstruktur von Fluoreszenzspektren demonstrieren.

In Abb. IV.1a ist das Fluoreszenzspektrum von Pyren (I) in Ethanol (Konzentration: $2 \cdot 10^{-5}$ Mol/l) bei Raumtemperatur wiedergegeben. Beim Übergang zu 77 K beobachtet man die schon in Kapitel IV.A besprochene Abnahme der Bandenbreiten und Zunahme der Schwingungsstruktur des Fluoreszenzspektrums (Abb. IV.1b, Lösungsmittel: Ether-Pentan-Ethanol, Konzentration: wie a). In

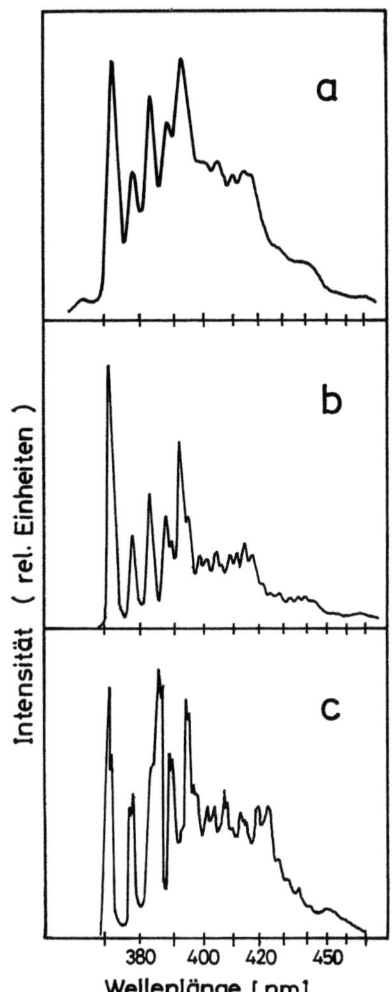

Abb. IV.1. Fluoreszenzspektren von Pyren in Ethanol bei Raumtemperatur (a), Ether-Pentan-Ethanol bei 77 K (b), n-Hexan-Cyclohexan bei 77 K (c) (nach C. A. Parker: Photoluminescence of Solutions. Amsterdam–London–New York: Elsevier 1968)

n-Hexan-Cyclohexan bei 77 K gibt Pyren ein außerordentlich bandenreiches Fluoreszenzspektrum, das in Abb. IV.1 c dargestellt ist. Die spektrale Bandbreite (siehe Kapitel III.B.2) des Emissionsmonochromators war bei den drei Messungen identisch (0,38 nm) [4].

Die Beobachtung, daß Fluoreszenzspektren bevorzugt in n-Alkanen aber auch Cycloalkanen resp. deren Mischungen bei 77 K besonders bandenreich sind (Shpol'skii-Spektren, siehe auch Kapitel II.B), ist nicht nur von großem theoretischem Interesse; auch die analytische Bedeutung ist evident: Spektrum c (Abb. IV.1) enthält ungleich mehr analytische Information als Spektrum a oder b.

Eine unverzichtbare instrumentelle Voraussetzung zur Messung von Shpol'skii-Spektren ist eine hohe Auflösung des Emissionsmonochromators. Exemplarisch ist in Abb. IV.2a und b der Spektralbereich 400 bis 440 nm des Shpol'skii-Spektrums von Pyren (n-Hexan-Cyclohexan, 77 K) bei Messung mit einer spektralen Bandbreite des Emissionsmonochromators von 0,38 nm (Abb. IV.2a) und 0,17 nm (Abb. IV.2b) wiedergegeben.

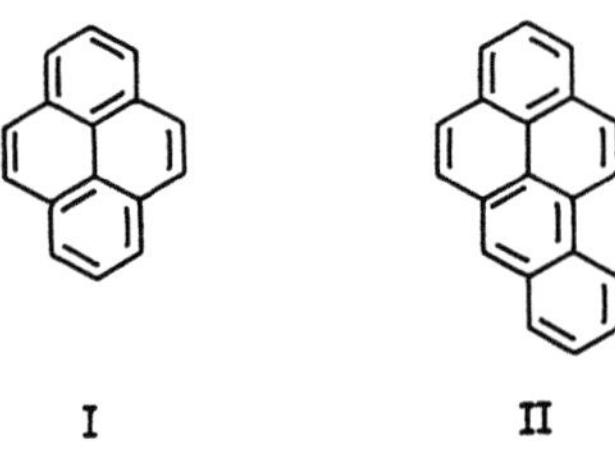

I   II

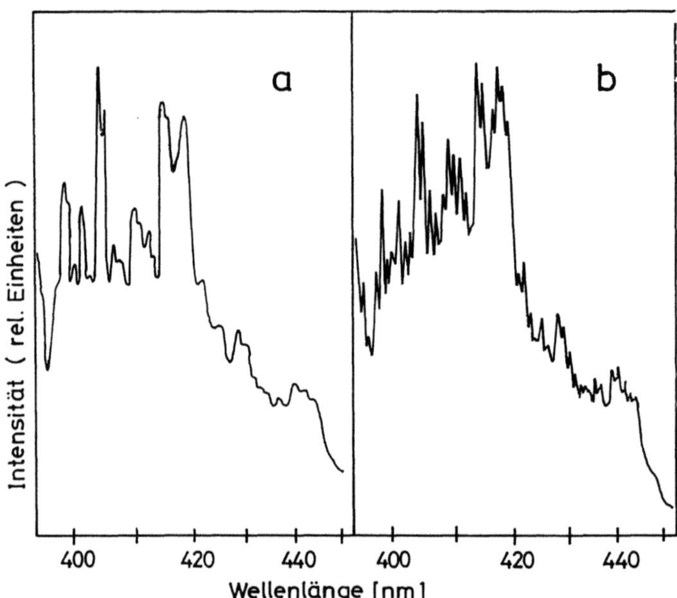

Abb. IV.2. Shpol'skii-Spektren von Pyren (Spektralbereich etwa 400–450 nm) in n-Hexan-Cyclohexan bei 77 K, gemessen mit einer spektralen Bandbreite des Emissionsmonochromators von 0,38 nm (a) und 0,17 nm (b) (nach C. A. Parker: Photoluminescence of Solutions. Amsterdam–London–New York: Elsevier 1968)

Shpol'skii-Spektren hängen hinsichtlich ihres spektralen pattern und der Intensität stark vom Lösungsmittel, aber auch von der Geschwindigkeit des Abkühlens der bei Raumtemperatur hergestellten Lösung auf tiefe Temperatur ab. Die signalreichsten Spektren erhält man, wenn die Länge der Hauptachse des Moleküls mit der Länge des Alkans annähernd übereinstimmt, d.h., das gelöste Molekül relativ am besten in die Matrix „paßt" (siehe auch Kapitel II.B). So gibt z.B. Pyren (I) (Moleküllänge: 0,7 nm) das bandenreichste Shpol'skii-Spektrum in n-

Hexan (0,88 nm), während für Benzo[a]pyren (II) (1,00 nm) n-Heptan (1,00 nm) das geeignetere Lösungsmittel ist. — Die Abhängigkeit der Shpol'skii-Spektren von den Abkühlbedingungen ist als Argument gegen die Eignung der Methode als quantitatives Analysenverfahren angeführt worden [5]. In der Tat liegen die meisten in der Literatur beschriebenen Anwendungen der Shpol'skii-Fluorimetrie auf dem Gebiet der Substanzidentifizierung (zum Beispiel in Kopplung mit chromatographischen Trennverfahren [6]).

Shpol'skii-Fluoreszenz-*Anregungsspektren* sind ebenfalls als sehr signalreiche Spektren zur Identifizierung von Substanzen vorgeschlagen worden [7]. Die Nachweisgrenzen (für polycyclische aromatische Kohlenwasserstoffe) liegen allerdings recht hoch (etwa 10^{-6} Mol/l).

Kirkbright [7] hat in außerordentlich sorgfältigen Studien die instrumentellen Voraussetzungen und methodischen Details der analytischen Shpol'skii-Fluorimetrie beschrieben. Zur genaueren Orientierung über die Methode seien dem potentiellen Anwender diese Arbeiten besonders empfohlen.

C. Matrix-Isolations-Fluorimetrie

In der Matrix-Isolations-Spektroskopie [8] wird die zu untersuchende Probe verdampft, in der Gasphase mit einem großen Überschuß eines inerten Gases (vorzugsweise Stickstoff, Argon oder Xenon) verdünnt und die gasförmige Mischung auf einer gekühlten Oberfläche kondensiert. Die als dünne Schicht vorliegende und mit der Untersuchungsprobe dotierte Matrix wird dann spektroskopisch untersucht. Die Matrix-Isolations-Technik hat bisher hauptsächlich Anwendungen in der Infrarotspektroskopie gefunden, aber die wenigen Untersuchungen über Matrix-Isolations-Fluorimetrie sind vielversprechend und lassen den Schluß zu, daß die Matrix-Isolations-Technik eine wertvolle Bereicherung der fluorimetrischen Methodik darstellt [9].

Für die Matrix-Isolations-Fluorimetrie von polycyclischen aromatischen Kohlenwasserstoffen wurde Stickstoff als Matrix verwendet (molares Verhältnis von Matrix-zu-Probe: $10^7 : 1$), die Temperatur betrug etwa 15 K und die Messung der Fluoreszenzspektren erfolgte mit der Front-Konfiguration als Anregungs/Beobachtungsgeometrie [9]. Die analytischen Nachweisgrenzen lagen bei etwa 10^{-11} g in der Stickstoff-Matrix.

Die polycyclischen Aromaten geben in der Stickstoff-Matrix bei etwa 15 K signifikant stärker strukturierte Spektren als in transparenten organischen Gläsern bei 77 K (Tieftemperatur-Fluorimetrie, Kapitel IV.A) und die Nachweisgrenzen liegen in der Stickstoff-Matrix niedriger.

Die Schwingungsstruktur und relativen Bandenintensitätsverteilungen der Matrix-Isolations-Spektren sind weitgehend unabhängig von der Konzentration und die Analysenkurven für Kohlenwasserstoffe wie Pyren, Triphenylen oder Chrysen erwiesen sich als linear im Bereich von 1 ng bis etwa 1000 ng. Unabhängigkeit der Spektren von der Konzentration und großer Linearitätsbereich der Analysenfunktion sind wichtige Voraussetzungen für quantitative Analysen. Die Wiederholbarkeit der quantitativen Bestimmung wurde durch mehrfache Messung eines Punktes auf der Analysenfunktion von Chrysen zu 4 % rel. bestimmt [9].

Da Shpol'skii-Spektren im allgemeinen deutliche Abhängigkeiten von der Konzentration, den Abkühlbedingungen usw. zeigen (Kapitel IV.B), sind die Vorteile der Matrix-Isolations-Fluorimetrie für die quantitative Analyse offensichtlich. Andererseits ist der experimentelle Aufwand bei der Matrix-Isolations-Spektroskopie größer als in der Shpol'skii-Spektroskopie.

Für die spektroskopische Unterscheidung strukturell eng verwandter Verbindungen (z. B. unterschiedliche Methyl-Derivate von polycyclischen aromatischen Kohlenwasserstoffen) erscheint die Shpol'skii-Technik der Matrix-Isolations-Technik überlegen, da die Shpol'skii-Spektren stärker strukturiert (bandenreicher) als die Matrix-Isolations-Spektren sind. Dieser Vergleich bezieht sich auf Matrix-Isolations-Spektren in Stickstoff. Weitere Untersuchungen müssen zeigen, ob durch Anwendung anderer Matrices dieser Nachteil überwunden werden kann, ohne daß die jetzt schon offensichtlichen Vorteile der Matrix-Isolations-Fluorimetrie als quantitative analytische Methode verloren gehen.

D. Tieftemperatur-Festkörper-Fluorimetrie

Das Fluoreszenzverhalten einer organischen Verbindung ist im kristallinen Zustand außerordentlich empfindlich gegenüber Verunreinigungen (Kapitel II.H). (In noch stärkerem Maße gilt dies für die Phosphoreszenz.) In der Tat gehört das Tieftemperatur-Festkörper-Fluoreszenzspektrum (Kristallspektrum) zu den empfindlichsten Sonden zur Prüfung einer Substanz auf Reinheit. Die analytischen Möglichkeiten der Tieftemperatur-Festkörper-Fluorimetrie sind bisher noch nicht systematisch geprüft worden; sie werden daher im folgenden nur exemplarisch demonstriert.

Bei der Anwendung der Fluorimetrie in fluider Lösung bei Raumtemperatur oder in einem organischen Glas bei tiefer Temperatur (Kapitel IV.A) zur Erfassung von einer in Spuren in einer Verbindung vorliegenden Verunreinigung ist dann eine signifikante Einbuße an Empfindlichkeit schwer vermeidbar, wenn der fluoreszenzfähige Singlett-Anregungszustand (S_1-Zustand) der Verunreinigung nur wenig tiefer liegt als der fluoreszenzfähige S_1-Zustand der Hauptkomponente: (1) Die Fluoreszenzbanden der Verunreinigung erscheinen auf der langwelligen Flanke des Fluoreszenzspektrums der Hauptkomponente (geringes Signal/Untergrund-Verhältnis). (2) Ein Teil des Erregerlichtes wird auch bei langwelliger Anregung von der Hauptkomponente absorbiert (Innerer Filtereffekt, siehe Kapitel III.F.2). Der zweite Effekt läßt sich klein halten, wenn man in verdünnten Lösungen und/oder in 90°-Konfiguration als Anregungs/Beobachtungsgeometrie arbeitet (Kapitel III.B.6); allerdings muß man auch dann eine Einbuße an Empfindlichkeit in Kauf nehmen. — In solchen Fällen ist hinsichtlich der Empfindlichkeit des Nachweises einer Verunreinigung die Messung des Fluoreszenzspektrums der Probe im kristallinen Zustand bei 77 K von erheblichem Vorteil: (1) Die Fluoreszenz der Hauptkomponente tritt nicht oder stark geschwächt auf, da die Verunreinigung als Fluoreszenzlöscher für die Hauptkomponente wirkt (hohes Signal/Untergrund-Verhältnis). (2) Die überwiegend von der Hauptkomponente aufgenommene Anregungsenergie wird durch Singlett–Singlett-Energiewanderung (Kapitel II.F) auf die Verunreinigung übertragen („Inverser innerer Filtereffekt") [10].

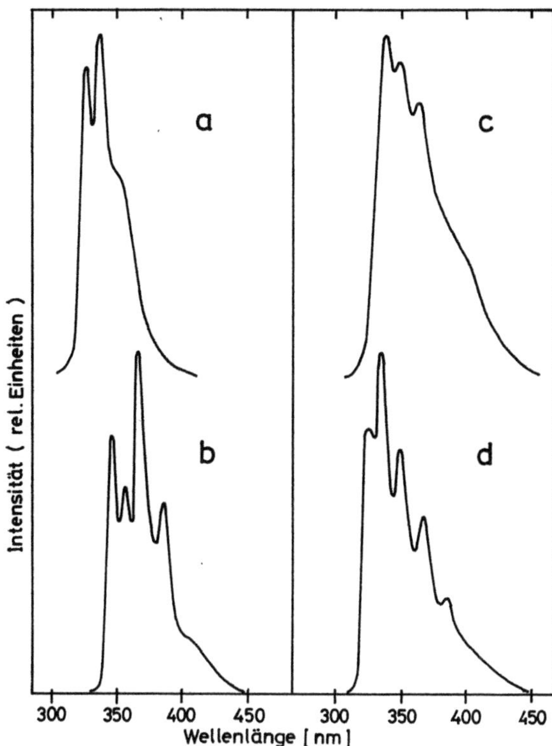

Abb. IV.3. Fluoreszenzspektren von Naphthalin (Kurve a), Phenanthren (b) in Ethanol bei Raumtemperatur; von Naphthalin, dotiert mit 1 % Phenanthren in Ethanol bei Raumtemperatur (c) und von Naphthalin, dotiert mit $5 \cdot 10^{-4}$ % Phenanthren im kristallinen Zustand bei 77 K (d) (nach M. Zander: Fresenius Z. Anal. Chem. *289*, 112 (1978))

Als Beispiel sind in der Abb. IV.3 die Fluoreszenzspektren von Naphthalin (Kurve a), Phenanthren (Kurve b) in Ethanol bei Raumtemperatur, von Naphthalin, dotiert mit 1 % Phenanthren (Kurve c) in Ethanol bei Raumtemperatur und von Naphthalin, dotiert mit $5 \cdot 10^{-4}$ % Phenanthren (Kurve d) im kristallinen Zustand bei 77 K (Anregungswellenlänge 295 nm) wiedergegeben. Wie ersichtlich ist der Nachweis der Verunreinigung im Kristallspektrum um etwa 4 Größenordnungen empfindlicher als im Lösungsspektrum [10].

Das Phänomen der P-Typ-verzögerten Fluoreszenz (Kapitel II.C) kann in der Tieftemperatur-Festkörper-Fluorimetrie zum sehr empfindlichen Nachweis von Verunreinigungen in einer Hauptkomponente angewandt werden. — In *fluiden* Lösungen bei Raumtemperatur findet Triplett–Triplett-Energieübertragung von einem Donor auf einen Acceptor (Triplettenergie des Donors > Triplettenergie des Acceptors) schon bei sehr niedrigen Konzentrationen statt, da der Vorgang diffusionskontrolliert ist. Der durch Energieübertragung in seinen niedrigsten Triplettzustand angeregte Acceptor geht durch Triplett–Triplett-Annihilation (Kapitel II.C) mit einem Triplett-Acceptor- oder Triplett-Donor-Molekül in seinen niedrigsten Singlett-Anregungszustand S_1 über, der durch Emission von P-Typ-verzögerter Fluoreszenz desaktiviert wird. Da sowohl die Triplett–Triplett-Energieübertragung als auch die Triplett–Triplett-Annihilation mit sehr großen Geschwindigkeiten ablaufen, kann man den Triplett-Acceptor sehr empfindlich, d.h. in geringen Konzentrationen neben einer hohen Konzentration des Donors nachweisen. Darin liegt die analytische Bedeutung des Phänomens der „sensibilisierten P-Typ-verzögerten Fluoreszenz" [11]. Die Methode ist zum Nachweis sehr kleiner Mengen von Verunreinigungen in aromatischen Kohlenwasserstoffen verwendet worden, zum Beispiel $1 \cdot 10^{-4}\%$ Pyren in Phenanthren. Ein experimenteller Nachteil der Methode liegt darin, daß die Untersuchungslösungen sehr sorgfältig von Sauerstoff befreit werden müssen. — Diese Schwierigkeit umgeht man, wenn man die Methode statt auf Lösungen bei Raumtemperatur auf Kristalle bei tiefer Temperatur anwendet. Die Messung der verzögerten Fluoreszenz von aromatischen Kohlenwasserstoffen im kristallinen Zustand bei 77 K ist in vielen Fällen eine sehr empfindliche und einfach durchführbare Methode zum Nachweis von Verunreinigungen [12]. Auch hier wirkt die Hauptkomponente als Sensibilisator. Bei Messung der Kristallumineszenz unter Verwendung eines Phosphoroskops beobachtet man die sensibilisierten verzögerten Fluoreszenzen der Verunreinigungen, deren Triplett-Zustände niedriger liegen als der der Hauptkomponente. Daneben treten häufig auch die sensibilisierten Phosphoreszenzen der Verunreinigungen auf. Eine verzögerte Lumineszenz der Hauptkomponente wird unter diesen Bedingungen in der Regel nicht beobachtet.

E. Quenchofluorimetrie

Die Anwesenheit fluoreszenzlöschender Substanzen (Quencher) in einer Untersuchungslösung verringert im allgemeinen die Empfindlichkeit der Analyse (Kapitel II.F, III.B.5, III.D.1). Ließen sich jedoch Quencher finden, die die Fluoreszenz bestimmter Verbindungen oder Verbindungstypen löschen und anderer nicht (Selektive Löschung), so könnte durch gezielte Anwendung dieser Quencher die Selektivität der Analyse gesteigert werden. Das ist das Konzept der „Quenchofluorimetrie". Überlagert das Fluoreszenzspektrum einer in hoher Konzentration in der Probe anwesenden Komponente A das Spektrum einer Nebenkomponente B vollständig und wird die A-Fluoreszenz weitgehend gelöscht, nicht hingegen die B-Fluoreszenz, so ist der Gewinn an Selektivität mit einem Gewinn an Empfindlichkeit verbunden (für die analytische Erfassung von B). Die Quenchofluorimetrie darf nicht verwechselt werden mit der „indirekten Methode" (Kapitel III.F) in der quantitativen Fluorimetrie: Hierbei wird die zu bestimmende Substanz als Quencher verwendet.

Eine für die Quenchofluorimetrie geeignete Löschsubstanz muß mehrere Bedingungen erfüllen: (1) Sie muß die Fluoreszenz einzelner Komponenten von Gemischen, d.h. sie muß selektiv quenchen. (2) Der Typ der Selektivität muß bekannt und eindeutig sein, d.h. aber, der Fluoreszenzlöschmechanismus photophysikalisch verstanden sein. (3) Der Quencher darf keine chemischen Veränderungen der Probe bewirken. (4) Er muß möglichst kurzwellig absorbieren, da andererseits der Anwendungsbereich durch den inneren Filtereffekt (Kapitel III.F.2) stark eingeschränkt wird [13]. — In der Tat kennt man eine Reihe von Löschsubstanzen, die diese Bedingungen erfüllen.

Es ist zweckmäßig, die für die Quenchofluorimetrie geeigneten Löschsubstanzen nach den unterschiedlichen Typen von „inneren Fluoreszenzlöschmechanismen" (Kapitel II.F) zu klassifizieren.

1. Elektronenübertragung

Elektronenübertragung als innerer Mechanismus der Fluoreszenzlöschung ist im Kapitel II.F ausführlich behandelt worden. Der Fluoreszenzquencher Q verhält sich gegenüber der fluoreszierenden Spezies F* entweder als Elektronenacceptor oder als Elektronendonor. Die bimolekulare Geschwindigkeitskonstante k_q der Fluoreszenzlöschung ist proportional der Änderung ΔG der freien Enthalpie im Elektronenübertragungsprozeß. Wie im Kapitel II.F (Abb. II.13a und b) erläutert, ist ΔG proportional der Energiedifferenz $\Delta E_{(MO,F*/Q)}$ der Orbitale, zwischen denen die Elektronenübertragung erfolgt:

$$k_q \text{ prop. } \Delta G \text{ prop. } \Delta E_{(MO,F*/Q)}. \tag{2}$$

Es sei angenommen, daß eine Mischung von 2 polycyclischen aromatischen Kohlenwasserstoffen A und N zu analysieren ist. Die Kohlenwasserstoffe sollen folgende Bedingungen erfüllen: 1. Sowohl bei A wie N entspricht die Fluoreszenz dem HOMO-LUMO-Übergang (Kapitel II.F). 2. A und N haben identische HOMO-LUMO-Energiedifferenzen, d.h. die Fluoreszenzspektren überlagern sich sehr weitgehend. 3. N habe eine größere Ionisierungsenergie I_N als A (I_A) (Kapitel II.F). — Dann liegen in Erweiterung von Abb. II.13a die in Abb. IV.4a wiedergegebenen MO-Situationen vor; in der Mitte der Abb. sind HOMO und LUMO eines Elektronen*acceptors* eingetragen. (Da die Elektronenübertragung aus dem LUMO der fluoreszierenden Spezies erfolgt, muß das LUMO des Acceptors niedriger liegen.) Die HOMO-LUMO-Situation von A (symmetrische Lage von HOMO und LUMO gegenüber dem energetischen Bezugspunkt α) ist charakteristisch für „alternierende" π-Elektronensysteme (z.B. aromatische Kohlenwasser-

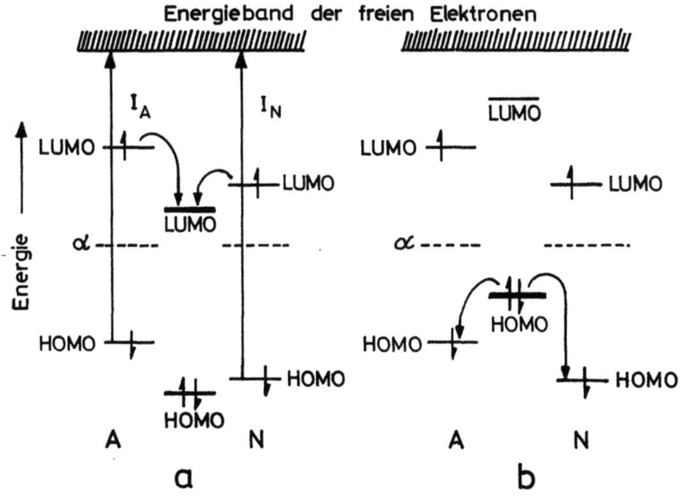

Abb. IV.4. Fluoreszenzlöschung durch Elektronenübertragung zwischen einem alternierenden (A) resp. nicht-alternierenden (N) fluoreszenzfähigen π-Elektronensystem und einem Elektronenacceptor (a) resp. Elektronendonor (b). (I_A resp. I_N bezeichnen Ionisierungsenergien)

stoffe, die nur aus *sechs*gliedrigen Ringen bestehen, für Einzelheiten siehe z.B.
[14]). Die HOMO-LUMO-Situation von N (unsymmetrische Lage von HOMO
und LUMO gegenüber α) ist charakteristisch für „nicht-alternierende" Systeme
(z.B. aromatische Kohlenwasserstoffe, die auch *fünf*gliedrige Ringe enthalten [14]).
Wie ersichtlich, ist $\Delta E_{(MO,F^*/Q)}$ für A größer als für N und damit nach Gl. (2)
auch k_q: Bei gleicher Quencher-Konzentration wird die Fluoreszenz von A stärker
gelöscht als die von N. Eingehende photophysikalische Untersuchungen bestätigen
die generelle Gültigkeit des Modells [15]. In Abb. IV.5 wird ein Beispiel für die
Methode gegeben. Kurve a ist das Fluoreszenzspektrum einer Mischung von
4 alternierenden polycyclischen aromatischen Kohlenwasserstoffen und eines nicht-
alternierenden Kohlenwasserstoffs in fluider Lösung bei Raumtemperatur. Das
Fluoreszenzspektrum der Mischung nach Zugabe von 50 Vol.-% Nitromethan
(Elektronenacceptor) zur Untersuchungslösung ist in Kurve b wiedergegeben. Es
besteht nur noch aus dem Spektrum des nicht-alternierenden Kohlenwasserstoffs,
wie ein Vergleich mit dem in Kurve c angegebenen Spektrum des reinen Kohlenwasserstoffs zeigt [16].

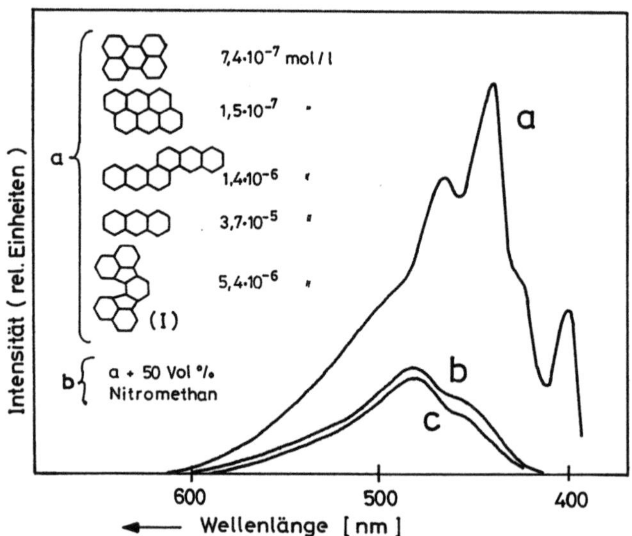

Abb. IV.5. Beispiel für die selektive Fluoreszenzlöschung alternierender polycyclischer aromatischer Kohlenwasserstoffe durch Elektronenacceptoren. c: Fluoreszenzspektrum des nicht-
alternierenden Kohlenwasserstoffs I (nach U. Breymann, H. Dreeskamp, E. Koch, M. Zander:
Fresenius Z. Anal. Chem. *293*, 208 (1978))

Abbildung IV.4b wiederholt die MO-Situationen von A und N, aber in der
Mitte der Abbildung sind jetzt HOMO und LUMO eines Elektronen*donors* eingetragen (siehe auch Abb. II.13b). (Da die Elektronenübertragung in das HOMO
der fluoreszierenden Spezies erfolgt, muß das HOMO des Donors höher liegen.)
Jetzt ist $\Delta E_{(MO,F^*/Q)}$ für N größer als für A und damit nach Gl. (2) auch k_q: Bei
gleicher Quencherkonzentration wird die Fluoreszenz von N stärker gelöscht als

die von A [15]. Auch dies gilt recht allgemein und Abb. IV.6 gibt ein Beispiel. Kurve a ist das Fluoreszenzspektrum einer Mischung von 4 nicht-alternierenden aromatischen Kohlenwasserstoffen und eines alternierenden Kohlenwasserstoffs. Nach Zugabe von 40 Vol.-% 1,2,4-Trimethoxybenzol (Elektronendonor) zur Untersuchungslösung wird das Spektrum b erhalten, das mit dem Spektrum des reinen alternierenden Kohlenwasserstoffs (Kurve c) vollkommen übereinstimmt [16].

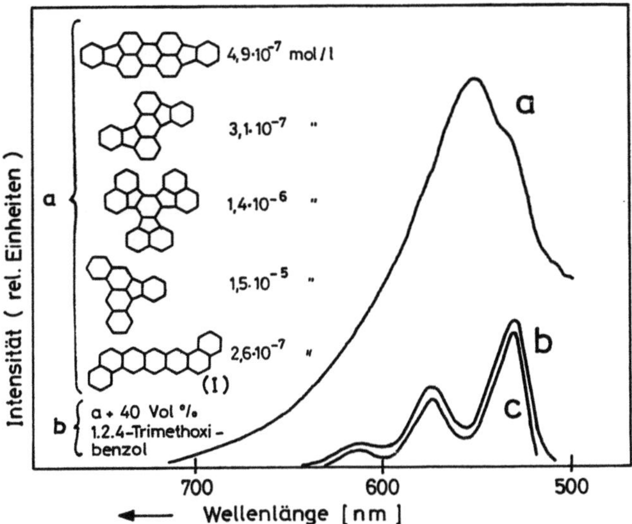

Abb. IV.6. Beispiel für die selektive Fluoreszenzlöschung nicht-alternierender polycyclischer aromatischer Kohlenwasserstoffe durch Elektronendonoren. c: Fluoreszenzspektrum des alternierenden Kohlenwasserstoffs I (nach U. Breymann, H. Dreeskamp, E. Koch, M. Zander: Fresenius Z. Anal. Chem. *293*, 208 (1978))

„Komplementäre Quenchofluorimetrie" mit Elektronenacceptoren und -donoren gestattet den selektiven Nachweis alternierender resp. nicht-alternierender polycyclischer aromatischer Kohlenwasserstoffe in komplexen Gemischen. Quantitative Bestimmungen sind in üblicher Weise möglich. Die Methode hat sich auch bei der Konstitutionsaufklärung polycyclischer Aromaten bewährt [17] und zur gruppenspezifischen Detektion in der Hochdruck-Flüssigkeits-Chromatographie [18].

2. Erhöhung der intersystem crossing-Rate (Äußerer Schweratomeffekt)

Auch dieser Fluoreszenzlöschtyp ist im Kapitel II.F besprochen worden. Der Fluoreszenzquencher ist eine Verbindung mit einem Element hoher Ordnungszahl („Äußerer Schweratom-Störer"). Beispiele sind Jodmethan, Brommethan, 1-Jod-propan oder Silbernitrat. Die bimolekulare Geschwindigkeitskonstante k_q der Fluoreszenzlöschung ändert sich bei polycyclischen aromatischen Kohlenwasserstoffen und verwandten Heterocyclen exponentiell mit der Energiedifferenz zwischen dem fluoreszierenden Singlett-Anregungszustand S_1 und dem nächst niedrigeren Triplettzustand T_n (Gl. (56), Kapitel II.F) [19]. In Abb. IV.7 sind für 1-Jodpropan als Quencher die $\log k_q$ einiger Aromaten über dem Energieintervall $\Delta E(S_1 - T_n)$ aufgetragen (vergleiche auch Kapitel II.C, Abb. II.7). Wie ersichtlich überstreichen die k_q einen Bereich von mehr als 4 Größenordnungen, d.h., bei gleicher Quencherkonzentration können sich in einer Mischung von polycyclischen Aromaten die Fluoreszenzlöscheffekte — ausgedrückt durch $(F_0/F) - 1$ (Gl. (55), Kapitel II.F) — bei den einzelnen Verbindungen um mehr als einen Faktor 10^4 unterscheiden, wenn man Unterschiede in den Fluoreszenzlebensdauern in Näherung vernachlässigt. Dies ermöglicht die fluorimetrische Bestimmung einiger Kohlenwasserstoffe in komplexen Gemischen mit sehr hoher Selektivität. Abbildung IV.8 gibt ein Beispiel [20]. Die Kurven a und b sind Fluoreszenzspektren einer Mischung von 49,75 % Benzo[a]pyren (I), 49,75 % Tetracen (II) und 0,5 % Perylen (III). Erregt wurde in die zweite Absorptionsbande (405 nm) des Perylens. Kurve a ist das Spektrum der Mischung in Benzol bei Raumtemperatur. Hier überlagern die intensiven Fluoreszenzbanden des Benzo[a]pyrens und Tetracens das Fluoreszenzspektrum des Perylens vollständig, so daß dessen Erkennung nicht möglich ist. Das gilt auch, wenn mit anderen Anregungswellenlängen gearbeitet wird. Kurve b ist das Fluoreszenzspektrum der Mischung in Benzol-Jodmethan

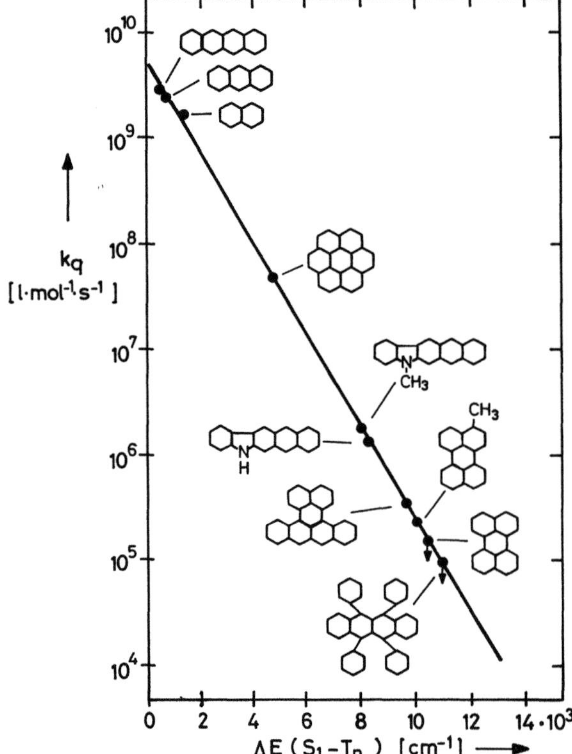

Abb. IV.7. Abhängigkeit der bimolekularen Geschwindigkeitskonstante kq der Fluoreszenzlöschung aromatischer Systeme durch 1-Jodpropan von der Energiedifferenz $\Delta E(S_1 - T_n)$ der Aromaten (nach H. Dreeskamp, E. Koch, M. Zander: Ber. Bunsenges. *78*, 1328 (1974))

(1:4 vol/vol). Die Fluoreszenz der beiden Hauptkomponenten ist jetzt vollständig gelöscht, und das Spektrum des Perylens tritt nahezu ungestört auf. Zum Vergleich ist in Abb. IV.8 auch das Fluoreszenzspektrum von reinem Perylen in Benzol (Kurve c) wiedergegeben. — Quantitative quenchofluorimetrische Bestimmungen sehr kleiner Perylenkonzentrationen in extrem komplexen Substanzgemischen sind mit hoher Genauigkeit möglich [21] und die Anwendung des Verfahrens zur analytischen Erfassung auch anderer aromatischer Kohlenwasserstoffe (durch Variation der Quencher-Konzentration) ist vorgeschlagen worden [22].

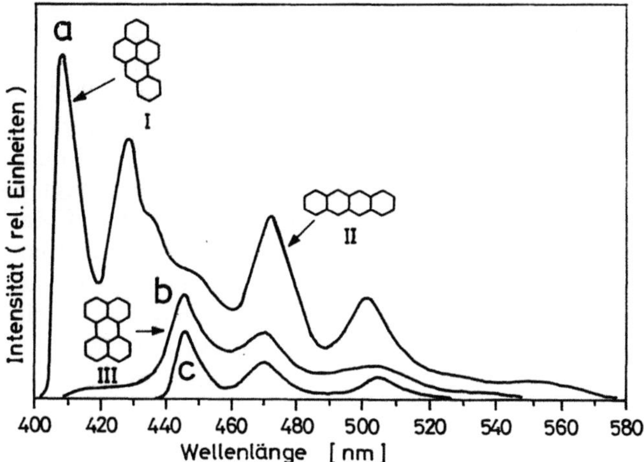

Abb. IV.8. Fluoreszenzspektren (Raumtemperatur) einer Mischung von 49,75% Benzo[a]-pyren (I), 49,75% Tetracen (II) und 0,5% Perylen (III) in Benzol (Kurve a) und in Benzol-Jodmethan 1:4 (vol/vol) (b). c: Fluoreszenzspektrum von Perylen in Benzol (nach M. Zander: Erdöl und Kohle–Erdgas–Petrochem. *23*, 81 (1969))

3. „Gemischte" Mechanismen

Für einige weitere Verbindungen, zum Beispiel phenolische Antioxidantien [23], sind quenchofluorimetrische Analysenverfahren entwickelt worden, wobei der innere Mechanismus der Fluoreszenzlöschung nicht eindeutig geklärt ist. Zum Teil können „gemischte" Mechanismen vorliegen, z.B. Überlagerung von statischer und dynamischer Löschung (Kapitel II.F). Auch durch den Quencher verursachte innere Filtereffekte dürften bei einigen quenchofluorimetrischen Verfahren zur Selektivität beitragen [24].

F. Derivativ-Fluorimetrie

Im Fluoreszenzspektrum ist die Fluoreszenzintensität F als Funktion der Emissionswellenlänge λ_F aufgezeichnet ($F(\lambda_F)$). Das „Derivativ-Fluoreszenzspektrum" [25] stellt die 1. Ableitung von F nach λ_F als Funktion von λ_F dar ($dF/d\lambda_F(\lambda_F)$)

oder auch entsprechende höhere Ableitungen als Funktion der Wellenlänge. Demgemäß unterscheidet man das Spektrum 1. Ableitung, 2. Ableitung usw.

Prinzipiell kann ein Derivativ-Spektrum nicht mehr Information enthalten als das Grundspektrum, dennoch bietet es häufig eine Reihe von Vorteilen. Der in analytischer Hinsicht wichtigste ist, daß im Grundspektrum überlagerte Banden (die von verschiedenen Komponenten einer Mischung stammen) im Derivativ-Spektrum besser „getrennt" sind. Abbildung IV.9 gibt ein Beispiel. Kurve a ist das normale Fluoreszenzspektrum einer Mischung von zwei fluoreszierenden Komponenten A und B. Das Spektrum der Komponente B ist als gestrichelte Kurve angegeben; sein Anteil am Gesamtspektrum a macht sich nur durch eine schwach ausgeprägte Schulter auf der langwelligen Flanke der breiten Bande bemerkbar. Der qualitative Nachweis und die quantitative Bestimmung von B in der Mischung wäre auf Basis des Spektrums a nicht möglich. Kurve b ist das 1. Derivativ-Spektrum der Mischung. Im Maximum des Spektrums a ist $dF/d\lambda_F = 0$ und entsprechend geht bei der Wellenlänge des Maximums das Derivativ-Spektrum durch die Null-Linie. Auf der kurzwelligen Bandenflanke des Spektrums a nimmt die Fluoreszenzintensität mit der Wellenlänge stark zu; entsprechend zeigt das 1. Derivativ-Spektrum bei der Wellenlänge stärkster Steigung ein (positives) Maximum. Der Abfall der Fluoreszenzintensität mit der Wellenlänge auf der langwelligen Flanke des Spektrums a findet sich im (negativen) Bereich des Derivativ-Spektrums wieder, aber während Komponente B im Spektrum a nur zu einer schwach abgetrennten Schulter führt, beobachtet man im Derivativ-Spektrum bei der Wellenlänge, bei der B sein Fluoreszenzmaximum hat, einen recht deutlich ausgeprägten Nulldurchgang.

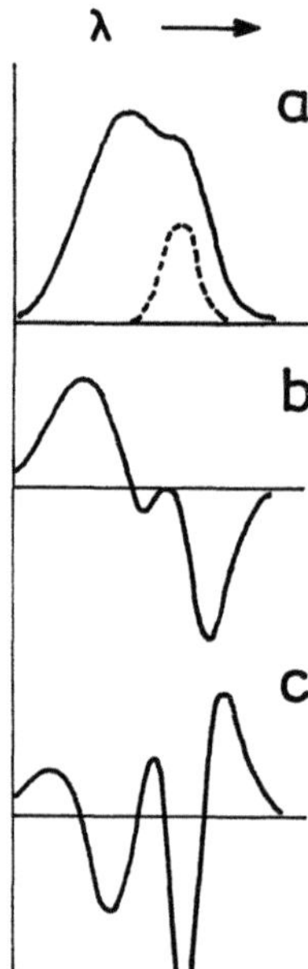

Abb. IV.9. Modellmäßige Darstellung des Fluoreszenz-Grundspektrums (a), 1. Derivativspektrums (b) und 2. Derivativspektrums (c) eines 2-Stoffgemisches. (Die gestrichelte Kurve ist das Spektrum der Komponente B) (nach T. C. O'Haver, G. L. Green: International Laboratory Mai/Juni 1975, S. 11)

Kurve c ist das 2. Derivativ-Spektrum der Mischung und wie ersichtlich, „signalreicher" als die Spektren a und b. Zwei Schlüsse lassen sich unmittelbar ziehen: (1) Das 1. und insbesondere das 2. Derivativ-Spektrum ist als „fingerprint" der Probe, da signalreicher, wesentlich besser geeignet als das Grundspektrum. (2) Die quantitative Bestimmung von B in der Mischung sollte anhand der Derivativ-Spektren möglich sein, da B auswertbare Signale liefert.

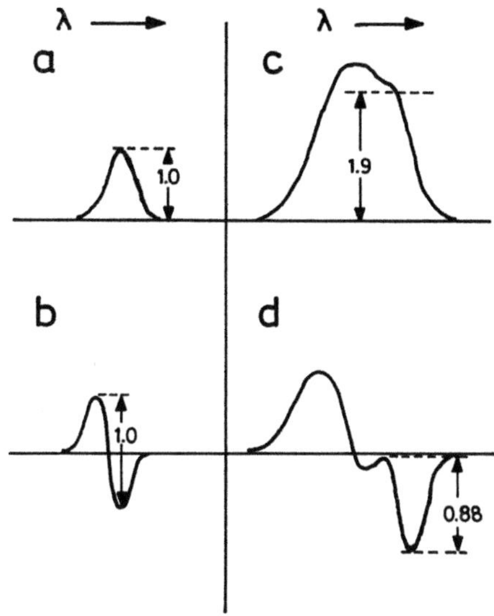

Abb. IV.10. Modellmäßige Darstellung der derivativ-fluorimetrischen Analyse eines 2-Stoffgemisches. a: Grundspektrum der Komponente A, b: 1. Derivativspektrum der Komponente A, c: Grundspektrum des 2-Stoffgemisches, d: 1. Derivativspektrum des 2-Stoffgemisches (nach T. C. O'Haver, G. L. Green: International Laboratory Mai/Juni 1975, S. 11)

In Abb. IV.10 ist ein Vergleich der quantitativen Bestimmung einer Komponente A in einem 2-Komponentengemisch A, B mit sich weitgehend überlagernden Fluoreszenzspektren auf Basis des normalen und des 1. Derivativ-Spektrums dargestellt. Kurve a ist das normale Spektrum der Komponente A. Die Intensität (in relativen Einheiten) sei im Bandenmaximum gleich 1,0. Kurve b ist das entsprechende 1. Derivativ-Spektrum. Wir wählen als Intensitätsmaß die Differenz zwischen dem positivsten und dem negativsten Wert des Spektrums und setzen sie wieder gleich 1,0. Das Grundspektrum c der Mischung kommt durch Superposition des Spektrums a mit dem der Komponente B zustande. (Es wurde angenommen, daß die Komponente A in der Meßlösung der reinen Komponente in gleicher Konzentration wie in der Meßlösung der Mischung vorliegt und alle instrumentellen Parameter bei den Messungen konstant bleiben.) Für A ergibt sich jetzt eine Intensität (in relativen Einheiten) von 1,9 (= 1,0 + 90 % Fehler). (Wir könnten den Einfluß von B durch eine Grundlinienkorrektur zu berücksichtigen versuchen, aber das Verfahren ist im vorliegenden Fall sehr unsicher, da die Grundlinie in weiten Grenzen willkürlich gezogen werden kann.) Kurve d ist das 1. Derivativ-Spektrum der Mischung. Als Intensitätsmaß wählen wir wieder die Differenz zwischen dem positivsten und dem negativsten Wert im Spektralbereich der A-Fluoreszenz. Dieser Wert beträgt 0,88 (= 1,0 − 12 % Fehler).

Der aus dem Derivativ-Spektrum für A gewonnene Wert (0,88) kommt dem wahren Wert (1,0) wesentlich näher als der aus dem Grundspektrum erhaltene Wert (1,9).

Die instrumentellen Möglichkeiten zur Gewinnung von Derivativ-Spektren können in zwei Gruppen unterteilt werden: (1) Maßnahmen, mit deren Hilfe das output-Signal des Detektors verarbeitet wird (z.B. elektronische Differential-bildung); (2) Maßnahmen, die mit dem Lichtfluß im Spektrometer vor Erreichen des Detektors operieren (Doppelwellenlängen-Spektrometrie [26], Wellenlängen-Modulation [27] Kapitel IV.G). Überwiegend werden heute Methoden der zweiten Gruppe angewandt.

Analysenfunktionen für quantitative Bestimmungen werden in der Derivativ-Fluorimetrie ganz analog wie in der „normalen" Fluorimetrie gewonnen; sie sind über weite Bereiche linear [28]. — Praktische Anwendungen sind für die Derivativ-Fluorimetrie bisher hauptsächlich auf dem Gebiet der Analytik polycyclischer aromatischer Kohlenwasserstoffe vorgeschlagen worden [28].

G. Wellenlängen-Modulations-Fluorimetrie

Wenn sich die Fluoreszenz-Anregungsspektren der Komponenten A und B eines 2-Stoffgemisches ausreichend unterscheiden, kann man durch Wahl geeigneter Anregungswellenlängen λ_A resp. λ_B die Fluoreszenz von A resp. B selektiv an-regen, so daß man das ungestörte A-Fluoreszenzspektrum (vom B-Fluoreszenz-spektrum nicht überlagert) und das ungestörte B-Fluoreszenzspektrum erhält (vom A-Fluoreszenzspektrum nicht überlagert) (Kapitel III.D.1). Die „selektive Anre-gung" ermöglicht den Nachweis und die quantitative Erfassung der Komponenten A und B auch dann, wenn sie sehr ähnliche oder identische Fluoreszenzspektren haben.

Überlagern sich die Fluoreszenz-Anregungsspektren von A und B sehr weit-gehend (so daß die Komponenten nicht selektiv angeregt werden können), so ist die getrennte analytische Erfassung von A und B möglich, wenn es für jede Komponente eine Fluoreszenz-Schlüsselbande gibt, die vom Fluoreszenzspektrum der jeweils anderen Komponente nicht überlagert ist (Kapitel III.D.2).

Sofern sich jedoch sowohl die Fluoreszenz-Anregungsspektren als auch die Fluoreszenzspektren beider Komponenten sehr weitgehend im gesamten Spektral-bereich überlagern, gibt es für die Separierung der Komponenten weder geeignete Anregungswellenlängen noch Fluoreszenz-Schlüsselbanden. In solchen, relativ häufig vorkommenden Situationen ist die Anwendung der „Wellenlängen-Modula-tions-Fluorimetrie" [29] ein möglicher Weg zur Problemlösung. Gegenüber anderen Methoden zur Steigerung der Selektivität in der Fluorimetrie, z.B. der Quenchofluorimetrie (Kapitel IV.E), hat die Wellenlängen-Modulations-Fluori-metrie den Vorteil größerer Anwendungsbreite.

In der „konventionellen" Fluorimetrie bleibt die Anregungswellenlänge wäh-rend der Messung konstant, d.h., sie ist keine Funktion der Zeit. Entsprechend ist die Intensität der Fluoreszenz-Schlüsselbande während der Dauer des Meß-vorgangs zeitunabhängig. „Moduliert" man jedoch die Anregungswellenlänge, d.h. läßt sie periodisch innerhalb eines kleinen Wellenlängenintervalls $\Delta\lambda$ oszil-

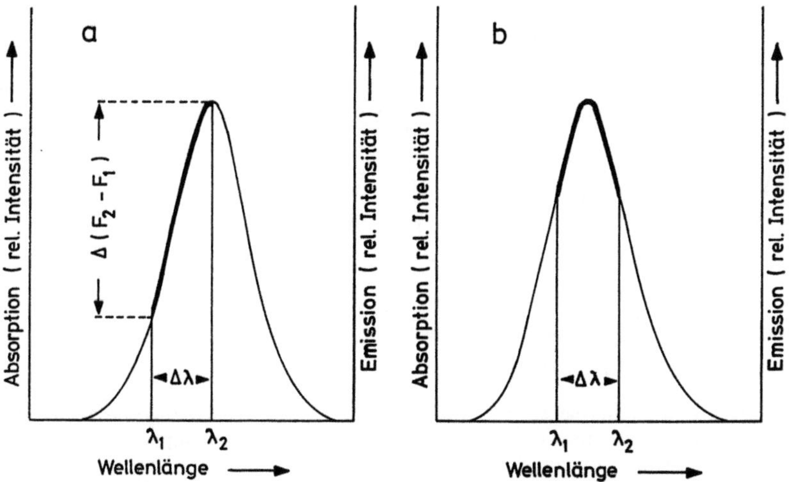

Abb. IV.11. Schematische Darstellung der Wellenlängen-Modulations-Fluorimetrie (nähere Erläuterungen siehe Text)

lieren, so wird die Intensität der Schlüsselbande eine Funktion der Zeit (die Fluoreszenzintensität ist moduliert), wobei die Frequenz der Intensitätsänderung eine harmonische Funktion der Anregungswellenlängen-Modulations-Frequenz ist. Die Verhältnisse sind veranschaulicht in Abb. IV.11a und b. Die Kurve in Abb. IV.11a sei eine Absorptionsbande einer fluoreszierenden Substanz. Die Fluoreszenz-Anregungswellenlänge wird über das Wellenlängenintervall $\Delta\lambda$ mit der Frequenz ν_A (Hertz) moduliert. Bei λ_1 ist der Extinktionskoeffizient der Absorptionsbande klein und entsprechend Gl. (26) (Kapitel III.F.1) ist bei Anregung in λ_1 die relative Fluoreszenzintensität F_1 niedrig. Bei λ_2 hat die Absorptionsbande einen großen Extinktionskoeffizienten und die Anregung in λ_2 führt zu einer höheren Fluoreszenzintensität F_2. Der stärker gezeichnete Kurventeil in Abb. IV.11a gibt die relative Intensitätsänderung der Fluoreszenz während einer halben Schwingung der Anregungswellenlängen-Modulation wieder. In diesem Fall ist die Frequenz ν_F der Intensitätsänderung der Fluoreszenz mit der der Anregungswellenlängen-Änderung (ν_A) identisch. Abbildung IV.11b stellt die Verhältnisse für eine gegenüber dem Fall a etwas nach kürzeren Wellenlängen verschobene Absorptionsbande dar; λ_1 und λ_2 und damit $\Delta\lambda$ haben die gleichen Beträge wie im Fall der Abb. IV.11a. Der stärker gezeichnete Kurventeil beschreibt wiederum die Intensitätsänderung der Fluoreszenz während einer halben Schwingung der Anregungswellenlängen-Modulation. ν_F ist jetzt $2\nu_A$. Mit Frequenzselektiver Elektronik, z.B. einem „lock-in"-Verstärker [30] (siehe auch Kapitel III.B.4), ist es möglich, die mit den Frequenzen ν_A resp. $2\nu_A$ oszillierenden Fluoreszenzsignale unabhängig voneinander zu messen. Stammen die in Abb. IV.11a und b dargestellten Absorptionsbanden von zwei Komponenten A und B einer Mischung, so gestattet die Methode — durch entsprechende Abstimmung der Meßapparatur — die selektive Messung der Fluoreszenzen von A und B. Die Methode versagt, wenn A und B identische Absorptionsspektren haben, aber die Wellenlängen-Modulations-Fluorimetrie erfordert zur spektroskopischen Dis-

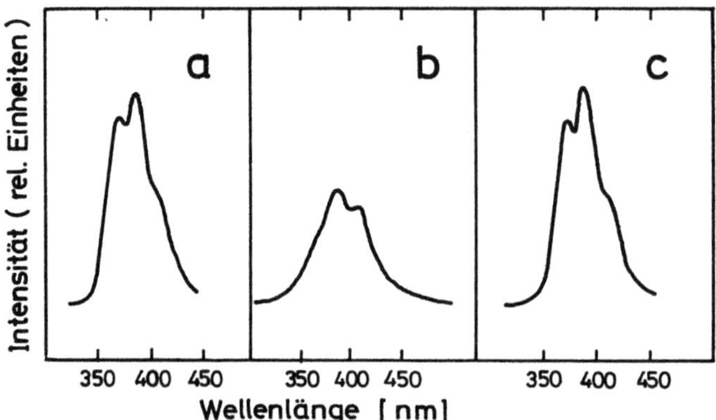

Abb. IV.12. Beispiel für die Analyse eines 2-Stoffgemisches durch Wellenlängen-Modulations-Fluorimetrie. a: Fluoreszenzspektrum von reinem Chrysen (Lösung, Raumtemperatur, „normale" Fluorimetrie), b: Fluoreszenzspektrum einer Mischung aus einem hohen Anteil an Anthracen und einem geringen Anteil an Chrysen (Lösung, Raumtemperatur, „normale" Fluorimetrie, Anregung bei einem Minimum des Anthracenabsorptionsspektrums), c: wie b, aber mit Wellenlängen-moduliertem Anregungslicht gemessen (nach T. C. O'Haver: Anal. Chem. *51*, 91 A (1979))

kriminierung der Komponenten wesentlich geringere Unterschiede zwischen den Spektren als konventionelle Fluorimetrie mit nicht-modulierter Anregung.

Ein Anwendungsbeispiel für die Wellenlängen-Modulations-Fluorimetrie gibt Abb. IV.12. Kurve a ist das Fluoreszenzspektrum von reinem Chrysen (bei Anregung in seine intensivste Absorptionsbande). Kurve b ist das Fluoreszenzspektrum einer Mischung, bestehend aus einem großen Anteil von Anthracen und einem kleinen Anteil von Chrysen (bei Anregung mit einer Wellenlänge, bei der Anthracen ein Absorptionsminimum aufweist). Kurve c ist das Fluoreszenzspektrum der gleichen Mischung, gemessen mit der Anregungswellenlängen-Modulationstechnik, wobei die Signalmeßeinheit auf das Fluoreszenzspektrum des Chrysens adjustiert wurde. Wie ersichtlich, sind die Spektren a und c nahezu identisch, während das Spektrum b den eindeutigen Nachweis (und die quantitative Erfassung) des Chrysens nicht gestattet [31].

Die Wellenlängen-Modulations-Fluorimetrie ist bisher überwiegend in der Analytik polycyclischer aromatischer Kohlenwasserstoffe [29] sowie der klinischen Chemie [32] angewandt worden.

H. Zeit-aufgelöste Fluorimetrie

Alle bisher besprochenen Techniken zur Durchführung fluorimetrischer Analysen mit hoher Selektivität basieren auf den Fluoreszenz- und Fluoreszenz-Anregungsspektren. Fluoreszierende Substanzen können sich außer in den Anregungs- und Fluoreszenzspektren auch in der Fluoreszenzlebensdauer unterscheiden. Dies wird in der „zeit-aufgelösten Fluorimetrie" [33] genutzt.

Es sei angenommen, daß die Komponenten A und B einer Mischung identische Anregungs- und Fluoreszenzspektren haben, die Fluoreszenzlebensdauer τ_A (siehe Kapitel II.D) der Komponente A jedoch signifikant größer ist als τ_B der Komponente B. Die Fluoreszenzabklingkurve der Mischung (gemessen mit einer Anordnung, deren „Zeitauflösung" größer ist als der Unterschied in den Fluoreszenzlebensdauern der Komponenten) ergibt sich als Superposition der Abklingkurven von A und B. Trägt man die Fluoreszenzintensität logarithmisch über der Zeit auf, so erhält man einen Graphen, wie er exemplarisch in Abb. IV.13 dargestellt ist. Extrapoliert man den Teil des Graphen, der von der langsamer abklingenden Komponente A herrührt, auf die Zeit 0, so erhält man den von A stammenden Anteil F_A an der Gesamtfluoreszenz. F_A ist der Konzentration von A in der Mischung direkt proportional. Subtrahiert man F_A von der gemessenen Gesamtfluoreszenz (für die Zeit t = 0), dann ergibt sich der Fluoreszenzanteil F_B der schneller abklingenden Komponente, der der Konzentration von B proportional ist [34]. Aus den Steigungsmaßen der Graden kann man die Fluoreszenzlebensdauern τ errechnen nach:

$$\tau = \frac{t_2 - t_1}{2{\cdot}3 \log (F_1/F_2)} \tag{3}$$

(siehe auch Kapitel II.D). τ kann für Identifizierungszwecke dienen.

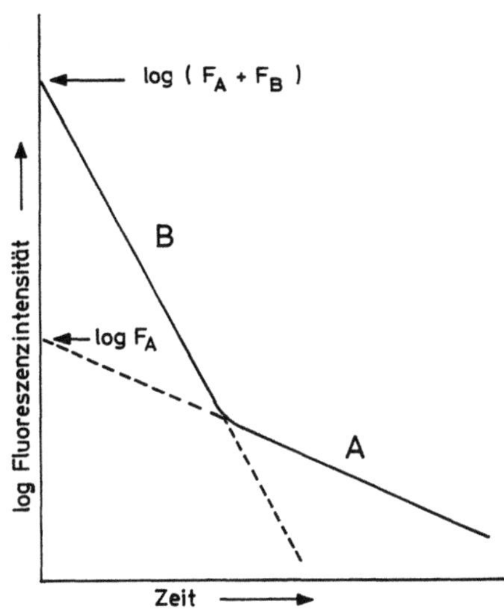

Abb. IV.13. Schematische Darstellung der Fluoreszenzabklingkurve (halb-logarithmisch) eines Gemisches aus einer Komponente A mit längerer und B mit kürzerer Fluoreszenzlebensdauer

Der experimentelle Aufwand zur Messung von Fluoreszenzabklingkurven steht jedoch im allgemeinen in keinem vernünftigen Verhältnis zum analytischen Nutzen. Nur für Fälle, in denen andere analytische Methoden versagen, kann das voranstehend beschriebene Verfahren empfohlen werden.

Da die Messung schneller Lumineszenzabklingvorgänge von großer Bedeutung in der Photophysik ist, wird in vielen Laboratorien an der Entwicklung neuer und der Verbesserung bekannter Meßprinzipien gearbeitet (für eine Übersicht siehe l.c. [35]). So kann man nicht ausschließen, daß durch die Entwicklung leistungs-

fähiger und zuverlässiger kommerzieller Geräte zur Messung von Lumineszenzabklingvorgängen im Nanosekunden-Bereich die zeit-aufgelöste Fluorimetrie
zukünftig in stärkerem Maße Eingang in die analytische Praxis findet.

I. Laser-induzierte Fluorimetrie

Laser als Anregungsquellen in der Fluorimetrie haben vor Gasentladungslampen
(Kapitel III.B.1) mehrere Vorteile: (1) Sie gestatten eine außerordentlich intensive Anregung der Fluoreszenz und damit eine wesentliche Erhöhung der Analysenempfindlichkeit (Gl. (1), Kapitel III.A). (2) Wegen der hohen Monochromasie
des Laser-Lichtes verbessern sie die Möglichkeiten der selektiven Anregung.
(3) Sie zeigen geringeres Rauschen als Gasentladungslampen. (4) Gepulste Laser
sind zur Messung sehr schneller Abklingvorgänge vorteilhaft gegenüber gepulsten
Gasentladungslampen.

Ohne Anwendung komplizierter Lichtbündelungssysteme können von Xenon-
Lampen nicht mehr als etwa 15% des gesamten Strahlungsflusses zur Anregung
von Fluoreszenzen in üblichen Spektrometern genutzt werden. Beim Laser hingegen werden nahezu 100% der Emission für die Anregung verwendet. Dies
resultiert aus der extrem geringen Divergenz des Laserstrahles, die auch die Ursache für die hohe Strahlungsdichte (Photonendichte) der Emission ist. — In
Tabelle IV.1 sind fluorimetrische Nachweisgrenzen für einige aromatische Kohlenwasserstoffe in Wasser bei Anregung mit einem Stickstoff-Laser angegeben [36].
Die niedrigste Nachweisgrenze wurde für Pyren ermittelt: $5 \cdot 10^{-13}$ g/g. Bei Verwendung konventioneller Anregungsquellen in kommerziellen Spektrometern ergeben sich um mehr als 2 Größenordnungen höhere Nachweisgrenzen.

Tabelle IV.1. Nachweisgrenzen für polycyclische aromatische Kohlenwasserstoffe
in der Laser-induzierten Fluorimetrie (Lösungsmittel: Wasser) [a]

Kohlenwasserstoff	Nachweisgrenze (10^{-9} g/ml)
Naphthalin	0,0013
Anthracen	0,0089
Fluoranthen	0,0010
Pyren	0,0005

[a] J. H. Richardson, M. E. Ando: Anal. Chem. *49*, 955 (1977).

Laser-induzierte Fluorimetrie kann wegen der hohen Anregungsintensität in
sehr verdünnten Lösungen durchgeführt werden. Das hat den Vorteil, daß sich
über Konzentrationsbereiche von etwa 10^{-5} bis 10^{-11} Mol/l, d.h. 6 Größenordnungen, lineare Analysenfunktionen ergeben (Kapitel III.F.1).

In Shpol'skii-Matrices weisen die Fluoreszenzbanden sehr kleine Halbwertsbreiten auf (Kapitel II.B, IV.B); das gleiche gilt für Absorptionsbanden. Bei der
Analyse von Substanzgemischen bietet die ausgeprägte Feinstruktur von Shpol'skii-

Absorptionsspektren sehr gute Möglichkeiten für die selektive Fluoreszenzanregung, die aber nur voll genutzt werden können, wenn mit Licht hoher Monochromasie angeregt wird. Prinzipiell sind durchstimmbare Laser hierfür sehr geeignet.

Nachteilig beim Laser als Anregungsquelle in der Fluorimetrie ist, daß wegen der hohen Strahlungsenergie des Lasers photochemische Reaktionen der zu analysierenden Substanz in stärkerem Maße induziert werden können, auch wenn die Reaktionen nur sehr kleine Quantenausbeuten haben. Der photochemische Abbau der Substanz und die Entstehung von Photoprodukten können die Analyse erheblich stören.

Laser sind die bevorzugten Lichtquellen zur Multiphoton-Anregung (Kapitel II.A), die aber bisher keinen Eingang in die analytische Praxis gefunden hat.

J. Röntgenstrahlen-induzierte Fluorimetrie

Röntgenstrahlung im Wellenlängenbereich von 1 bis 10 Å ist zur Fluoreszenzanregung vorgeschlagen worden [37]. „*X*-ray-*ex*cited *o*ptical *l*uminescence" (XEOL) ist eine interessante Bereicherung der fluorimetrischen Methodik: (1) Die

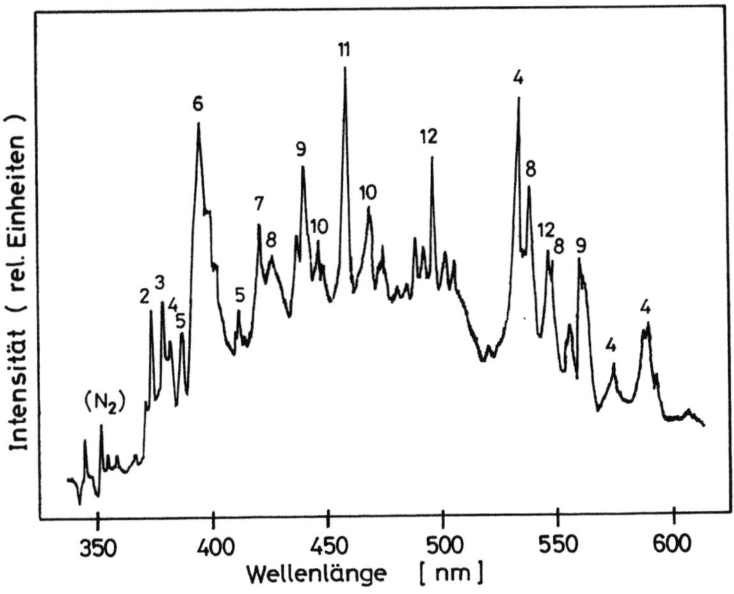

Abb. IV.14. Röntgenstrahlen-induziertes Lumineszenzspektrum (n-Heptan, 90 K) einer Mischung von 12 polycyclischen aromatischen Kohlenwasserstoffen. Die mit Zahlen gekennzeichneten Banden stammen von folgenden Komponenten (F = Fluoreszenz, P = Phosphoreszenz): Chrysen (2, F), Benz[a]anthracen (3, F), Benzo-[e]-pyren (4, kurzwellig: F, langwellig: P). 3-Methylcholanthren (5, F), Benzo[a]-pyren (6, F), Anthracen (7, F), Fluoranthen (8 kurzwellig: F, langwellig: P), Coronen (9, kurzwellig: F, langwellig: P), Perylen (10, F), Triphenylen (11, P), Phenanthren (12, P). (Das in der Mischung anwesende 2-Methylnaphthalin ist nicht eindeutig nachweisbar) (nach C. S. Woo, A. P. D'Silva, V. A. Fassel: Anal. Chem. *52*, 159 (1980)

Anregungsstrahlung ist relativ intensiv und entsprechend lassen sich niedrige fluorimetrische Nachweisgrenzen erzielen. (2) Die Anregung erfolgt in einem Bereich, der wesentlich kürzerwellig ist als der der Fluoreszenz. Streulicht von der Anregungsquelle und Raman-Streuung des Lösungsmittels können daher nicht in den Wellenlängenbereich der Fluoreszenz fallen. (3) Die selektive Anregung mit UV- und sichtbarem Licht wird durch die Anregung mit Röntgenstrahlung ergänzt, da Röntgenstrahlung die Besetzung „sehr hoch" liegender Anregungszustände gestattet [38].

XEOL ist zur Analyse von Gemischen polycyclischer aromatischer Kohlenwasserstoffe in Shpol'skii-Matrices bei tiefer Temperatur angewandt worden. Fluoreszenz und Phosphoreszenz wurden beobachtet und gestatteten auch bei natürlichen Proben („real samples"), z.B. Kohleverflüssigungsprodukten, die Identifizierung zahlreicher Kohlenwasserstoffe. Abbildung IV.14 ist das mit der XEOL-Technik in n-Heptan bei 90 K erhaltene Lumineszenzspektrum einer Testmischung von 12 aromatischen Kohlenwasserstoffen [39].

Literatur zu Kapitel IV

Im Text zitierte Arbeiten:

1. Ling, A. C., Willard, J. E.: J. Phys. Chem. *72*, 3349 (1968)
2. Dörr, F.: Fresenius Z. anal. Chem. *197*, 241 (1963)
3. Zander, M.: Angew. Chem. internat. Edit. *4*, 930 (1965)
4. Parker, C. A.: Photoluminescence of Solutions. Amsterdam–London–New York: Elsevier Publ. Comp. 1968, S. 379 ff.
5. Lukasiewicz, R. J., Winefordner, J. D.: Talanta *19*, 381 (1972)
6. Colmsjö, A., Stenberg, U.: Anal. Chem. *51*, 145 (1979)
7. Kirkbright, G. F., De Lima, C. G.: Analyst *99*, 338 (1974); Causey, B. S., Kirkbright, G. F., De Lima, C. G.: ebenda *101*, 367 (1976); Farooq, R., Kirkbright, G. F.: ebenda *101*, 566 (1976)
8. Hallam, H. E.: Vibrational Spectroscopy of Trapped Species. London: John Wiley 1975
9. Stroupe, R. C., Tokousbalides, P., Dickinson, R. B., Wehry, E. L., Mamantov, G.: Anal. Chem. *49*, 701 (1977)
10. Zander, M.: Fresenius Z. anal. Chem. *289*, 112 (1978)
11. Parker, C. A., Hatchard, C. G., Joyce, T. A.: Analyst *90*, 1 (1965)
12. Zander, M.: Phosphorimetry, New York–London: Academic Press 1968, S. 157
13. Zander, M.: Erdöl und Kohle-Erdgas-Petrochem. *32*, 573 (1979)
14. Dewar, M. J. S., Dougherty, R. C.: The PMO Theory of Organic Chemistry. New York: Plenum Press 1975
15. Breymann, U., Dreeskamp, H., Koch, E., Zander, M.: Chem. Phys. Lett. *59*, 68 (1978)
16. Breymann, U., Dreeskamp, H., Koch, E., Zander, M.: Fresenius Z. anal. Chem. *293*, 208 (1978)
17. Blümer, G.-P., Gundermann, K.-D., Zander, M.: Chem. Ber. *109*, 1991 (1976)
18. Blümer, G.-P., Zander, M.: Fresenius Z. anal. Chem. *296*, 409 (1979)
19. Dreeskamp, H., Koch, E., Zander, M.: Ber. Bunsenges. *78*, 1328 (1974)
20. Zander, M.: Fresenius Z. anal. Chem. *229*, 352 (1967)
21. Zander, M.: Erdöl und Kohle-Erdgas-Petrochem. *22*, 81 (1969)
22. Zander, M.: Fresenius Z. anal. Chem. *263*, 19 (1973)
23. Hurtubise, R. J.: Anal. Chem. *48*, 2092 (1976)
24. Sawicki, E., Stanley, T. W., Elbert, W. C.: Talanta *11*, 1433 (1964)
25. O'Haver, T. C.: Anal. Chem. *51*, 91 A (1979); O'Haver, T. C., Green, G. L.: International Laboratory Mai/Juni 1975, S. 11
26. Shibata, S.: Angew. Chem. *88*, 750 (1976)

27. Cardona, M.: Modulation Spectroscopy. New York–London: Academic Press 1969
28. Green, G. L., O'Haver, T. C.: Anal. Chem. *46*, 2191 (1974)
29. O'Haver, T. C., Parks, W. M.: Anal. Chem. *46*, 1886 (1974)
30. Abernethy, J. D. W.: Physics Bulletin *24*, 591 (1973); Zucca, R., Shen, Y. R.: Appl. Optics *12*, 1293 (1973)
31. O'Haver, T. C.: Anal. Chem. *51*, 100 A (1979)
32. O'Haver, T. C.: Clin. Chem. *25*, 1548 (1979)
33. Gauthier, J. C., Delpech, J. F.: Adv. Electron. Phys. *46*, 131 (1978)
34. Winefordner, J. D., in Fluorescence and Phosphorescence Analysis (Hercules, D. M., ed.) New York: Wiley 1966
35. Shapiro, S. L.: Ultrashort Light Pulses. Berlin: Springer-Verlag 1977
36. Richardson, J. H., Ando, M. E.: Anal. Chem. *49*, 955 (1977)
37. Goldstein, S. A., D'Silva, A. P., Fassel, V. A.: Radiat. Res. *59*, 422 (1974)
38. D'Silva, A. P., Oestreich, G. J., Fassel, V. A.: Anal. Chem. *48*, 915 (1976)
39. Woo, C. S., D'Silva, A. P., Fassel, V. A.: Anal. Chem. *52*, 159 (1980)

Kapitel V

Anwendungen

A. Organische Verbindungen

In der Zeitschrift „Analytical Chemistry" wird im Abstand von zwei Jahren die
im Berichtszeitraum erschienene Literatur über Anwendungen der Fluorimetrie in
der organischen Analyse referiert. Die Durchsicht dieser Review-Artikel gestattet
eine schnelle Vororientierung, ob zu einer analytischen Problemstellung, die in
der Praxis auftaucht und von der der Analytiker vermutet, daß sie sich fluorimetrisch klären läßt, ein Lösungsvorschlag schon vorliegt oder nicht.

Winefordner, Schulman und O'Haver [1] haben auf Basis dieser Übersichts-
artikel und einiger Monographien eine Zusammenstellung organischer Verbindungen gegeben, für die quantitative fluorimetrische Bestimmungsverfahren bekannt sind. Die alphabetisch geordnete Substanzliste, die keineswegs den Anspruch
erhebt auch nur annähernd vollständig zu sein, umfaßt etwa 600 Verbindungen.
Schulman [2] hat für organische Verbindungen quantitative fluorimetrische Bestimmungsverfahren tabellarisch zusammengestellt; angegeben sind Lösungsmittel, Anregungswellenlänge, Schlüsselbande, p_H-Wert, eine approximative Beurteilung der Empfindlichkeit und Literaturzitate.

Die derzeitigen Schwerpunkte in der Anwendung der organischen Fluorimetrie
liegen auf den Gebieten: Biochemie, klinische Analytik, Umwelt (siehe auch
Kapitel III.A). Als ein weiterer zukünftiger Schwerpunkt beginnt sich die Kohle-
chemie abzuzeichnen.

Nachstehend werden Anwendungen der organischen Fluorimetrie am Beispiel
ausgewählter Stoffklassen besprochen.

1. Polycyclische aromatische Kohlenwasserstoffe

Die polycyclischen aromatischen Kohlenwasserstoffe (PAK) gehören seit langem
zu den meist bearbeiteten Stoffklassen in der Fluorimetrie. PAK kommen überall
in der menschlichen Umgebung (Luft, Wasser, Erdreich usw.) in sehr niedrigen
Konzentrationen vor, so daß zu ihrem Nachweis und zur quantitativen Bestimmung in Umweltproben nur hochempfindliche analytische Methoden geeignet
sind. Die Photophysik der PAK ist besonders eingehend untersucht worden und
an PAK entdeckte photophysikalische Phänomene waren häufig die Basis zur
Entwicklung neuer fluorimetrischer Techniken, die in der Folge dann auch auf
andere Stoffklassen angewandt wurden.

Die Fluoreszenzquantenausbeuten von PAK liegen im allgemeinen recht hoch.
Tabelle V.1 gibt einige Beispiele.

Tabelle V.1. Fluoreszenzquantenausbeuten von polycyclischen aromatischen Kohlenwasserstoffen

Verbindung	Quantenausbeute [a]
Naphthalin	0,23
Anthracen	0,36
Tetracen	0,21
Pyren	0,32
Fluoranthen	0,30
Perylen	0,94
Benzo[ghi]perylen	0,26
Coronen	0,21

[a] Quantenausbeuten von Naphthalin, Anthracen, Tetracen, Pyren, Fluoranthen und Perylen in Cyclohexan (Raumtemperatur) nach I. B. Berlman: Handbook of Fluorescence Spectra of Aromatic Molecules, London–New York: Academic Press 1965; von Benzo[ghi]perylen und Coronen in Ethanol (Raumtemperatur) nach W. R. Dawson, M. W. Windsor: J. Phys. Chem. *72*, 3251 (1968).

Der erste Elektronenübergang in den Spektren von PAK ist entweder ein ^1L_a-Übergang (para-Bande) mit molaren Extinktionskoeffizienten in der Größenordnung von 10^4 oder ein ^1L_b-Übergang (α-Bande) mit Extinktionskoeffizienten von etwa 10^2 [3].

Liegt der erste Absorptionsübergang sehr langwellig, so kann die strahlungslose Desaktivierung des fluoreszenzfähigen Singlett-Anregungszustandes in den Grundzustand nennenswert mit der Fluoreszenz konkurrieren (siehe Gl. (40), Kapitel II, in der k_m die Geschwindigkeitskonstante des Internal Conversion (IC) vom ersten Singlettanregungszustand in den Grundzustand sei) und die Fluoreszenzausbeute wird klein.

Typische Fluoreszenzspektren von PAK (Pyren, Anthracen, Coronen) sind in den Abb. II.14, III.13 und III.14 gegeben. Die Spektren und weitere Fluoreszenzparameter von PAK sind in l. c. [4] zusammengestellt. Im allgemeinen ist bei PAK die langwellige Verschiebung der ersten Fluoreszenzbande (0,0-Übergang) gegenüber der ersten Absorptionsbande klein und wenig vom Lösungsmittel abhängig. Aus dem Absorptionsspektrum kann daher recht verläßlich auf die Lage des Fluoreszenzspektrums geschlossen werden.

Aus der großen Zahl der Publikationen, die sich mit der Anwendung der Fluorimetrie zum qualitativen Nachweis einzelner PAK in komplexen Gemischen befassen, sei exemplarisch eine Arbeit von Kershaw [5] eingehender besprochen. Die Produkte, die Kershaw untersucht, sind von hoher Aktualität: Öle aus der Kohlehydrierung und Chloroformextrakte von Steinkohle. Obschon eine Vortrennung der Produkte durch Adsorptionschromatographie an Kieselgel vorgenommen wird, ist die Zusammensetzung der erhaltenen Fraktionen immer noch sehr komplex. Die fluorimetrische Untersuchung der Chromatographiefraktionen erfolgt in fluider Lösung (n-Hexan) bei Raumtemperatur. Die für Identifizierungszwecke erforderlichen Referenzspektren wurden nicht der Literatur entnommen, sondern an reinen Substanzen an dem gleichen Fluoreszenzspektrometer gemessen, an dem auch die Chromatographiefraktionen untersucht wurden. Dieses Vorgehen ist, wo immer möglich, zu empfehlen, da es zuverlässig Fehlinterpretationen verhindert, die aus dem Vergleich an unterschiedlichen Geräten und unter unterschiedlichen Bedingungen gemessener Spektren resultieren können. Die selektive Anregung der Fluoreszenz erweist sich auch bei den von Kershaw untersuchten Proben als eine sehr leistungsfähige Methode. Die Abb. V.1 bis V.3 geben einige Beispiele. In Abb. V.1 ist Kurve a das Fluoreszenzspektrum einer realen Probe bei Anregung mit Licht der Wellenlänge 334 nm, Kurve b das Spektrum von reinem Pyren. Bei 334 nm weist Pyren eine starke Absorptionsbande auf und so zeigt die Probe das nahezu ungestörte Fluoreszenzspektrum des Kohlenwasserstoffs. Der fluoreszenzspektroskopische Nachweis von Coronen in einer realen Probe ist in Abb. V.2 dargestellt: Kurve a ist wieder das Spektrum der Probe (Anregungswellenlänge 303 nm), Kurve b das Spektrum der Referenzsubstanz. Die Grenzen der Methode werden an dem in Abb. V.3 wiedergegebenen Beispiel deutlich. Die Übereinstimmung des Fluoreszenzspektrums a der realen Probe (Anregungswellenlänge 362 nm) mit dem der Referenzsubstanz (Benzo[ghi]-

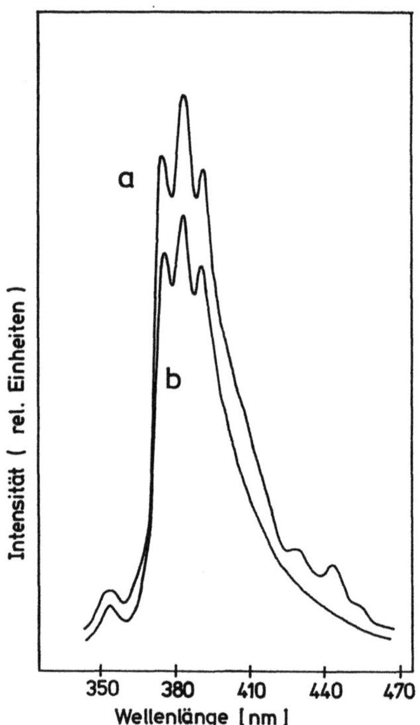

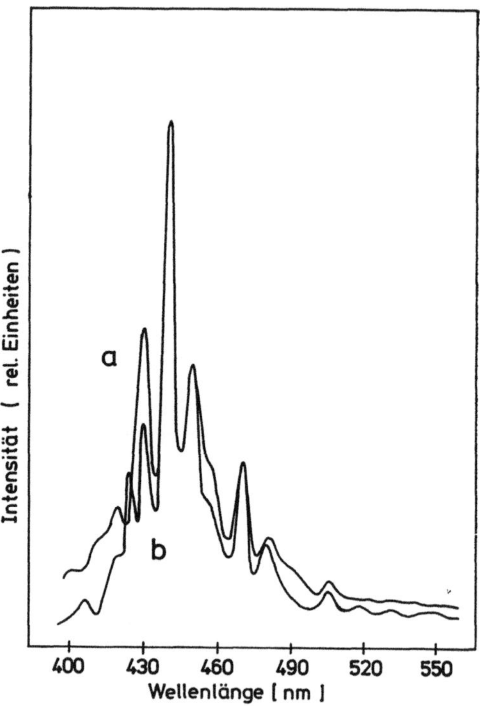

Abb. V.1. Fluoreszenzspektren (Hexan, Raumtemperatur) einer chromatographisch erhaltenen Fraktion eines Kohlehydrierungsprodukts (Kurve a) ·(Anregungswellenlänge: 334 nm) und von reinem Pyren (b) (nach J. R. Kershaw: Fuel *57*, 299 (1978))

Abb. V.2. Fluoreszenzspektren (Hexan, Raumtemperatur) einer chromatographisch erhaltenen Fraktion eines Kohlehydrierungsprodukts (Kurve a) (Anregungswellenlänge: 303 nm) und von reinem Coronen (b) (nach J. R. Kershaw: Fuel *57*, 299 (1978))

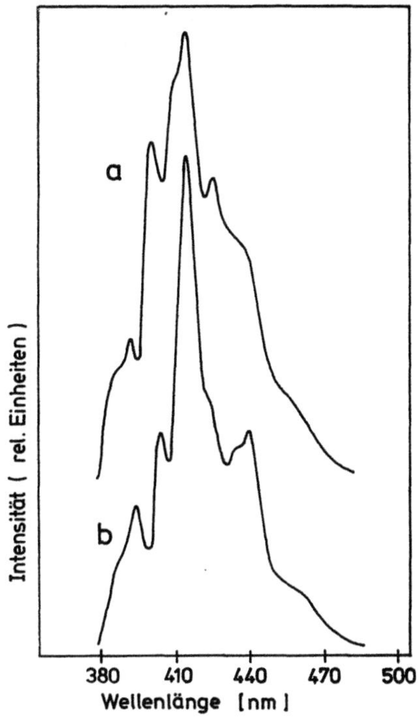

Abb. V.3. Fluoreszenzspektren (Hexan, Raumtemperatur) einer chromatographisch erhaltenen Fraktion eines Kohlehydrierungsprodukts (Kurve a) (Anregungswellenlänge: 362 nm) und von reinem Benzo[ghi]perylen (b) (nach J. R. Kershaw: Fuel *57*, 299 (1978))

perylen) ist hier nicht so eindeutig wie in den anderen Fällen. Die unkorrigierten Fluoreszenz-Anregungsspektren (Kapitel III.D.1) erwiesen sich bei geeigneter Wahl der Fluoreszenzbande für die Identifizierung einzelner PAK in den Proben den Absorptionsspektren überlegen. Eine prinzipielle Komplikation ergibt sich daraus, daß Alkylsubstituenten auf die Fluoreszenzspektren der PAK nur wenig Einfluß haben. Daher ist nicht in allen Fällen eine sichere Entscheidung möglich, ob ein in der realen Probe nachgewiesener Kohlenwasserstoff der unsubstituierte PAK oder ein Alkyl-Derivat des PAK ist; auch Mischungen dieser Verbindungen können nicht ausgeschlossen werden.

Spezielle fluorimetrische Techniken (Kapitel IV) sind zum Nachweis von PAK in kohlenstämmigen Produkten ebenfalls angewandt worden. Kirkbright et al. [6] untersuchen mit der Shpol'skii-Technik Schwefelkohlenstoff-Extrakte von 9 Steinkohlemaceralen. Die Extrakte werden zunächst in Cyclohexan gelöst, dann mit einem großen Überschuß an n-Hexan verdünnt und die Lumineszenzspektren in der Shpol'skiimatrix bei 77 K gemessen. Abbildung V.4 ist das Shpol'skii-Fluoreszenzspektrum des Schwefelkohlenstoff-Extrakts eines Vitrinits (zur Maceral-Analyse von Kohlen siehe l.c. [7]). Die mit Buchstaben gekennzeichneten Banden gestatteten die Identifizierung folgender PAK: Pyren (A), Chrysen (B), 9,10-Dimethyl-anthracen (C), Benzo[a]pyren (D), Benzo[ghi]perylen (E), Coronen (F). Auch Ovalen (G) konnte mit der Shpol'skii-Technik in Kohlemaceralen nachgewiesen werden. Ovalen hat die Mol-Masse 398. PAK mit Mol-Massen über etwa 350 sind wegen ihrer geringen Flüchtigkeit mit der Gaschromatographie nicht mehr zugänglich. Für die Hochdruck-Flüssigkeits-Chromatographie hingegen ist gezeigt worden, daß sie den Nachweis von PAK mit Mol-Massen bis etwa 600 gestattet [8]. Ein Vergleich der Leistungsfähigkeit der Shpol'skii-Technik mit der der Hochdruck-Flüssigkeits-Chromatographie ist am Beispiel der Kohlemacerale nicht durchgeführt worden, aber man kann vermuten, daß die chromatographische Methode (mit Fluoreszenzdetektion) mehr analytische Information als die Shpol'skii-Spektroskopie liefern würde. Andererseits sind Shpol'skii-Messungen schneller durchführbar als hochdruck-flüssigkeits-chromatographische Untersuchungen und insofern erscheint der von Kirkbright et al. [6] gemachte Vorschlag vernünftig, Shpol'skii-Fluorimetrie zur schnellen Charakterisierung von realen Proben (auch Umweltproben) hinsichtlich vorhandener PAK einzusetzen.

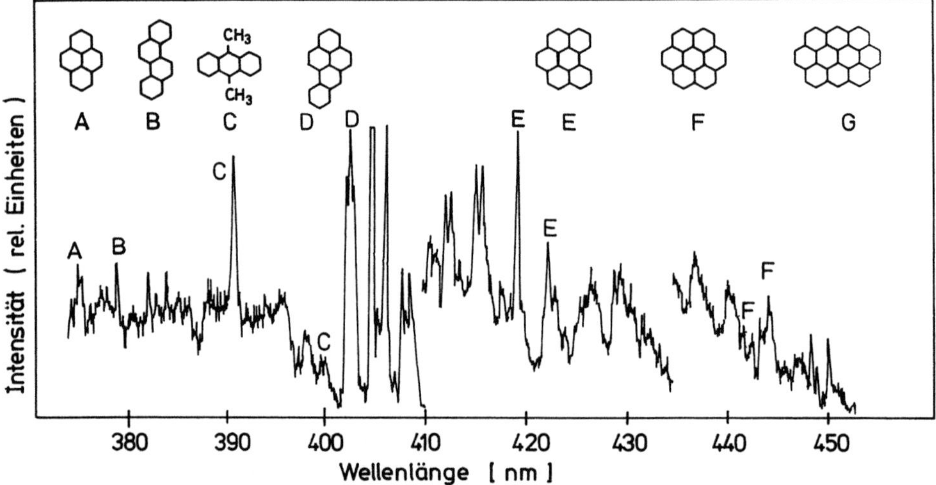

Abb. V.4. Shpol'skii-Lumineszenzspektrum (Cyclohexan-Hexan 1:9, vol/vol, 77 K) des Schwefelkohlenstoff-Extrakts eines Vitrinits von Steinkohle. Charakteristische Banden der einzelnen Verbindungen sind durch Buchstaben gekennzeichnet (nach J. A. G. Drake, D. W. Jones, B. S. Causey, G. F. Kirkbright: Fuel *57*, 663 (1978))

Fluorimetrische Methoden sind vielfältig zur Untersuchung von Umweltproben, z.B. Luftstaub, auf PAK verwendet worden. Die Kopplung von Dünnschichtchromatographie mit Fluorimetrie gehört zu den klassischen Methoden der PAK-Analytik von Umweltproben [9]. Quenchofluorimetrie (Kapitel IV.E) in fluider Lösung mit Sauerstoff als Löschsubstanz ist zur selektiven quantitativen Bestimmung von solchen PAK, die sich chromatographisch nur schwer trennen lassen, vorgeschlagen worden [10]. Da die Größe des Löscheffekts (siehe Kapitel III.D.1, Gl. (55)) von der Fluoreszenzlebensdauer der PAK abhängt, kann dieses Verfahren auch als „indirekte zeit-aufgelöste Fluorimetrie" klassifiziert werden (siehe Kapitel IV.H).

Fluoreszenz-, Phosphoreszenz- und Absorptionsspektroskopie sind hinsichtlich ihrer Leistungsfähigkeit in der PAK-Analytik verglichen worden. Tabelle V.2 gibt eine qualitative Wertung [11]; jedoch darf nicht übersehen werden, daß derartige Wertungen immer einen gewissen Grad an Subjektivität enthalten und sich überdies durch neue Entwicklungen auf den einzelnen Gebieten ändern. Aus einer Fülle von Erfahrungen ergibt sich aber eindeutig der *komplementäre* Charakter von Fluorimetrie und Phosphorimetrie in der PAK-Analytik [12]. Die Phosphorimetrie liefert in vielen Fällen schnell und in einfacher Weise verläßliche analytische Information, die nur mit aufwendigen fluorimetrischen Techniken oder fluorimetrisch auch gar nicht zugänglich ist, aber der umgekehrte Fall ist häufiger.

Tabelle V.2. Vergleich von UV-, Fluoreszenz- und Phosphoreszenzspektroskopie als analytische Methoden für polycyclische aromatische Kohlenwasserstoffe [a]

	Selektivität	Empfindlichkeit	Reproduzierbarkeit
UV-Absorption	+	+	+ +
Fluoreszenz	+ +[b]	+ + +	+ +
Phosphoreszenz	+ + +	+ + +	+ +

[a] + = durchschnittlich, + + = gut, + + + = ausgezeichnet.
[b] Ohne Berücksichtigung der Vorteile der Shpol'skii-Fluorimetrie (Kap. IV.B).

2. Proteine

Proteine sind komplexe dreidimensionale Strukturen mit nur 20 unterschiedlichen Aminosäuren als Bauelemente, aus deren großer Vielfalt von Verknüpfungen (Sequenzen) die spezifischen molekular-biologischen Funktionen der verschiedenen Proteine resultieren. Direkt der fluorimetrischen Untersuchung sind nur die aromatischen Aminosäuren (Phenylalanin (I), Tyrosin (II) und Tryptophan (III)) zugänglich, sowie einige in Proteinen vorkommende Coenzyme wie das Nicotinamid-Adenin-Dinucleotid oder Pyridoxalphosphat.

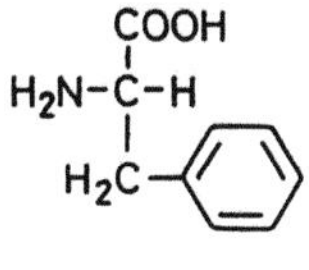

I 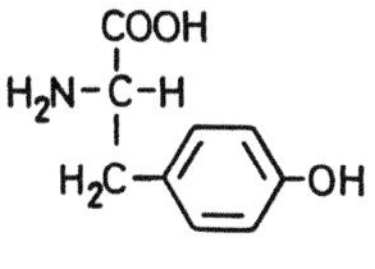 II 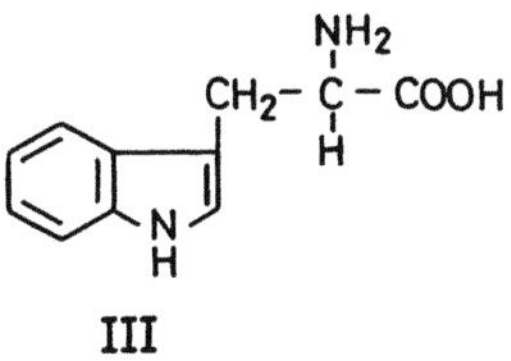 III

Nach einer von Weber [13] entwickelten Methode wird ein fluoreszierender Chromophor („Fluorogen") kovalent oder „physikalisch" an ein Protein gebunden, wenn diesem fluoreszenzfähige Bauelemente fehlen oder für detaillierte analytische Untersuchungen nicht ausreichend vorhanden sind. Das eingeführte Fluorogen sollte mit spezifischen Molekülteilen des Proteins verknüpft sein. Wenn diese Voraussetzung erfüllt ist, lassen sich häufig aus der fluorimetrischen Untersuchung der markierten Systeme auch struktur-relevante oder biophysikalisch wichtige Schlüsse ziehen.

Zur Bestimmung von freiem und Protein-gebundenem Tryptophan(III) im Blutplasma wird das Plasma zunächst mit einer gepufferten Zellulose/Ethanol-Lösung deproteiniert. Bei Anregung mit Licht der Wellenlänge 290 nm mißt man die Tryptophan-Fluoreszenz bei 350 nm. Die Wiederfindungsrate des Tryptophans beträgt 90 bis 100% und die Methode ist sehr genau. In 1 h lassen sich 32 Plasmaproben untersuchen [14]. Mehrere ähnliche Methoden zur Tryptophan-Bestimmung, die in der klinischen Chemie eine wichtige Rolle spielt, sind beschrieben worden, z.B. [15–17].

Wichtige Reagenzien zur „Fluoreszenz-Markierung" („Fluorogene") sind Sulfonsäurechloride (z.B. 5-Dimethyl-amino-1-naphthalin-sulfonsäurechlorid), Isocyanate und Isothiocyanate (z.B. Rhodamin-B-isocyanat oder Fluorescein-isothiocyanat) und Diazonium-Verbindungen (z.B. Rosamin-diazoniumchlorid) [18]. Die reaktiven Gruppen des Proteins, die mit dem Fluoreszenz-Reagenz kovalente Bindungen eingehen, sind bevorzugt Amino-, Carboxyl- und phenolische Hydroxyl-Gruppen. Die markierten Proteine zeigen die langwellige und intensive Fluoreszenz, die für das Reagenz charakteristisch ist. Die Fluoreszenzintensität der markierten Proteine kann häufig durch geeignete Wahl des Lösungsmittels optimiert werden. So wurde für o-Phthaldehyd und Fluorescamin (4-Phenylspiro-(furan-2-(3 H), 1′-phthalan(IV)), die mit Amino-Gruppen reagieren, gezeigt, daß die Verwendung von DMSO/Wasser-Mischungen als Lösungsmittel anstelle von Wasser eine Erhöhung der Empfindlichkeit des Tryptophan-Nachweises um 64% bringt [19].

IV

Die Methode der Fluoreszenz-Markierung von Proteinen hat vielfältige Anwendungen gefunden, zum Beispiel bei der Peptidsynthese [20], zur Bestimmung der proteolytischen Aktivitäten von α-Chymotrypsin, Trypsin und Pepsin [21], zur quantitativen Erfassung des gesamten Amino-Stickstoffs im Blutplasma [22], oder auch in der Wasseranalytik zur Bestimmung der Aminosäuren [23]. Singlett–Singlett-Energieübertragungsstudien in biologischem Material, die in der Biophysik eine wichtige Rolle spielen, sind häufig an fluoreszenz-markierten Proteinen durchgeführt worden [24]. Von großer aktueller Bedeutung sind auch Untersuchungen mit fluoreszenz-markierten Proteinen in der Immunologie [18].

3. Nucleinsäuren

Die biologisch bedeutungsvollen Nucleinsäuren sind Makromoleküle aus „Nucleotiden" als molekularen Einheiten, die ihrerseits aus einer Base (Pyrimidine und Purine), einem Zucker und Phosphorsäure bestehen.

Während das unsubstituierte Pyrimidin (V) nicht fluoresziert, zeigen die in Nucleotiden vorkommenden Pyrimidin-Derivate Uracil (VI), Thymin (VII) und Cytosin (VIII) Fluoreszenz bei 77 K. Die Spektren liegen im Bereich von etwa 315 bis 350 nm und sind unstrukturiert. Die Lage des Bandenmaximums ist vom p_H-Wert abhängig. — Die Purinbasen Adenin (IX) und Guanin (X) der Nucleotide fluoreszieren ebenfalls bei 77 K, wobei Adenin ein strukturiertes Spektrum aufweist, während die Emission von Guanin nur aus einer breiten unstrukturierten Bande besteht.

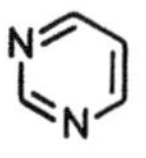

V 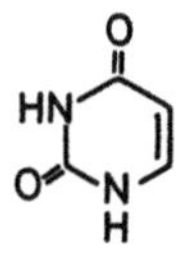   VI 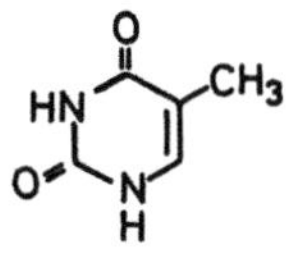   VII 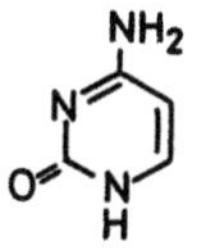   VIII

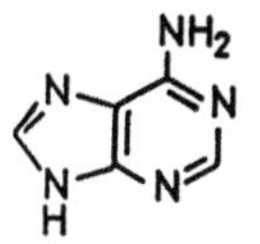

IX 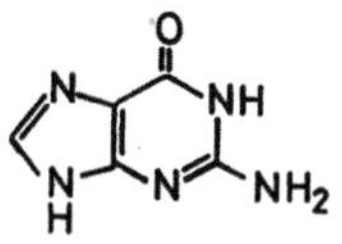   X

Die Fluoreszenz der Nucleinsäuren stammt von den Pyrimidin- und Purin-Basen der Nucleotide. Da die Basen in mehreren tautomeren Formen auftreten und ihre Fluoreszenzen schwach sind, herrscht oft keine Klarheit darüber, ob die an einer Nucleinsäureprobe beobachtete Lumineszenz authentisch ist oder von Verunreinigungen stammt.

Für DNA (Desoxyribonucleinsäure) scheint gesichert zu sein, daß die inhärente Fluoreszenz bei 355 nm liegt. Die DNA-Fluoreszenz ist längerwellig als die der isolierten Pyrimidin- und Purin-Basen sowie der Nucleotide. Man vermutet, daß die Fluoreszenz der DNA eine Exciplex-Fluoreszenz (siehe Kapitel II.F) von Basenpaaren im angeregten Zustand ist [25].

Zur spezifischen Bestimmung von Adenin (IX) in Nucleinsäuren wird das Ausgangsmaterial sauer hydrolysiert, mit Glyoxal unter streng kontrollierten Bedingungen umgesetzt und die Fluoreszenz bei 382 nm (Anregungswellenlänge 328 nm) gemessen. Andere Nucleinsäurebasen stören die Bestimmung nicht. $3 \cdot 10^{-8}$ g Adenin lassen sich noch nachweisen [26].

Die Methode kann auch zur Bestimmung von DNA, z.B. in Pflanzengewebe, verwendet werden, wobei die hydrolytische Spaltung der DNA entfällt und ein Adenin-Gehalt von 7,2% in der DNA angenommen wird. Die Bestimmung ist neben einem großen Überschuß von RNA (Ribonucleinsäure) möglich [27].

Bei einer analogen Bestimmungsmethode von DNA wird anstelle von Glyoxal die 3.5-Diaminobenzoesäure als Reagenz verwendet. Die Fluoreszenz des Reaktionsprodukts wird bei 520 nm gemessen (Anregungswellenlänge 420 nm) [28, 29].

Eine interessante DNA-Bestimmungsmethode beruht auf der Fähigkeit bestimmter Anti-Tumor-Antibiotica, z.B. Adriamycin oder Mithramycin, mit DNA fluoreszierende Komplexe zu bilden. Vorteile des Verfahrens sind Spezifität für

DNA, keine Störung durch RNA oder Proteine, außerdem Schnelligkeit und Einfachheit des Verfahrens [30].

Der fluoreszierende Äthidiumbromid-Komplex der DNA [31] ist zur Ermittlung der Reassoziationskinetik von ein- zu zweisträngiger DNA verwendet worden. Eine vorherige Bestimmung des Verhältnisses von ein- und zweisträngiger DNA ist nicht erforderlich. Die Methode ist mit 10^{-6} g DNA durchgeführt worden [32].

4. Enzyme

Die Fluorimetrie ist vielfältig eingesetzt worden in der Enzymanalyse, d.h. zum qualitativen Nachweis und zur quantitativen Bestimmung von Enzymen und ebenso für mechanistische und kinetische Untersuchungen enzymatischer Reaktionen [33, 34]. Nachstehend werden einige Beispiele besprochen.

Einige Enzyme lassen sich aufgrund ihrer inhärenten Fluoreszenz direkt fluorimetrisch bestimmen. So fluoresziert zum Beispiel die Indolglyzerinphosphatsynthase bei p_H 7,5. Es wird bei 280 nm angeregt und die Fluoreszenz bei 350 nm gemessen. Die Bestimmung ist in Anwesenheit von Glyzerin möglich [35].

In speziellen Fällen können Fluoreszenzlöschmethoden zur Enzymbestimmung verwendet werden. Eine derartige Methode ist zum Beispiel für Kinasen und Phosphorhydrolasen vorgeschlagen worden [36].

Die am häufigsten in der fluorimetrischen Enzymanalyse angewandten Methoden basieren auf folgendem Prinzip: Zur Probe, die das Enzym enthält, wird eine Substanz gegeben, an der das zu bestimmende Enzym eine Reaktion katalysiert. Hierbei entsteht aus der nicht-fluoreszierenden Hilfssubstanz (Substrat) eine fluoreszierende Spezies, die fluorimetrisch vermessen wird oder ein fluoreszierendes Substrat wird in eine nicht-fluoreszierende Spezies überführt, wobei man die Fluoreszenzabnahme der Hilfssubstanz verfolgt.

Fluorescein, eine intensiv fluoreszierende Substanz, kann in nicht-fluoreszierende Ester, z.B. Dibutylfluorescein, überführt werden. Derartige Ester werden von hydrolytischen Enzymen, z.B. Lipase, schnell unter Rückbildung von Fluorescein gespalten. Durch fluorimetrische Bestimmung des enzymatisch gebildeten Fluoresceins kann auf die Konzentration des Enzyms geschlossen werden [34].

Zur Bestimmung der Amidase-Aktivität von Chymotrypsin wird als Hilfssubstanz 7-Glutarylphenyl-alaninamido-4-methyl-cumarin verwendet und die Fluoreszenz des enzymatisch gebildeten 7-Amino-4-methylcumarins gemessen (Anregung bei 380 nm, Emission bei 460 nm). Überschüssiges Substrat stört bei der Messung praktisch nicht, da es eine etwa 700fach geringere Fluoreszenzintensität als das Amino-methylcumarin hat. Die Nachweisgrenze des Verfahrens liegt bei $5 \cdot 10^{-7}$ g/ml Chymotrypsin. Trypsin oder Elastase hydrolysieren das Substrat nicht, andererseits blockieren Chymotrypsininhibitoren die Hydrolyse [37]. Ähnliche Verfahren sind auch für die Bestimmung von Trypsin und Elastase ausgearbeitet worden [38].

Eine Bestimmungsmethode für Catechol-Methyltransferase beruht auf der fluorimetrischen Bestimmung des in Gegenwart von S-Adenosylmethionin aus 6,7-Dihydroxycumarin enzymatisch entstehenden 7-Hydroxy-6-methoxycumarins. Die Methyl-Gruppenübertragung erfolgt im System S-Adenosylmethionin

(Methyl-Donor)/6.7-Dihydroxycumarin (Methyl-Acceptor). 7-Hydroxy-6-methoxycumarin ist stark fluoreszierend [39].

Cathepsin B 2 setzt aus dem synthetischen Substrat Benzoyl-argininamid Ammoniak frei. Die Umsetzung des Ammoniaks mit Phthalaldehyd und Mercaptoethanol führt zu einer fluoreszierenden Verbindung, die fluorimetrisch vermessen wird (Anregung bei 410 nm, Emission bei 470 nm). Die beobachtete Fluoreszenz ist der Konzentration an Cathepsin B 2 proportional [40].

Für die Bestimmung microsomaler Hydroxylasen wird als Substrat p-Chlor-N-methylanilin vorgeschlagen. Die enzymatische Demethylierung liefert p-Chloranilin, das mit Fluorescamin (siehe Kapitel V.A.2) zu einer fluoreszenzfähigen Verbindung umgesetzt wird [41].

Bei einer Mikromethode zur Bestimmung von Pepsin dient Succinylalbumin als Substrat (p_H-Wert im Reaktionsmedium: 2). Die bei der Spaltung entstehenden Amino-Gruppen reagieren mit anwesendem Fluorescamin zu einem fluoreszierenden System. Die Mikromethode erfordert nur etwa $^1/_{200}$ der Enzym-Menge im Vergleich zu anderen Methoden [42].

5. Heterocyclische Verbindungen

Viele biologisch und pharmakologisch wichtige Substanzen sind heterocyclische Systeme (siehe auch Kapitel V.A.3). In zahlreichen Fällen weisen die Substanzen eine inhärente Fluoreszenz auf oder können durch Derivatisierung fluoreszenzfähig gemacht werden. Die Fluorimetrie spielt daher zur Bestimmung heterocyclischer Verbindungen eine wichtige Rolle in der biochemischen und klinischen Analytik.

Der Pflanzenwuchsstoff Indolyl-3-essigsäure (XI) fluoresziert sowohl in fluider wie in fester Lösung bei 77 K (Fluoreszenzbanden bei 77 K: 317, 328 nm [43]). Die Fluoreszenz kann zur analytischen Bestimmung von XI in natürlichen Proben genutzt werden [33, 43–45], doch ist die fluoreszenzspektroskopische Unterscheidung von anderen ebenfalls in der Natur vorkommenden Substanzen mit dem gleichen chromophoren System, z.B. 3-Indolyl-acetyl-ε-L-lysin (XII), kaum möglich. Größere Selektivität weisen Methoden auf, bei denen die Indolyl-3-essigsäure in fluoreszenzfähige Derivate überführt wird [46].

Das Indol-System ist auch in mehreren Alkaloiden enthalten. Beispiele für Indol-Alkaloide mit inhärenter Fluoreszenz [47] sind die Halluzinogene Lysergsäurediethylamid (XIII), Psilocin (XIV) und Psilocybin (XV), die im mexikanischen Zauberpilz vorkommen, sowie das Rauwolfia-Alkaloid Reserpin (XVI), das in der Psychiatrie als Beruhigungsmittel verwendet wird. — Lysergsäurediethylamid (XIII) fluoresziert intensiv im Bereich von 445 bis 465 nm (Anregungswellenlänge: 325 nm). Die direkte fluorimetrische Bestimmung in Extrakten von biologischem Material [33] ist ebenso möglich wie nach dünnschichtchromatographischer Auftrennung der Probe [48]. Auf Dünnschichtchromatogrammen lassen sich noch 10^{-8} g XIII nachweisen. Reserpin (XVI) wird meist nach oxidativer Überführung in ein Derivat, das intensiver als die Grundsubstanz fluoresziert, fluorimetrisch analysiert; die Methode ist zur Bestimmung von XVI in Zellextrakten, Plasma und im Urin verwendet worden [33, 49].

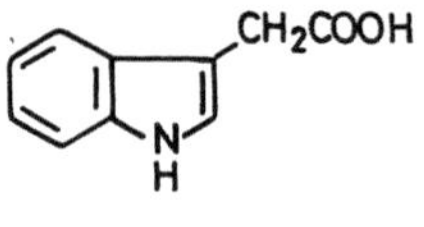

XI 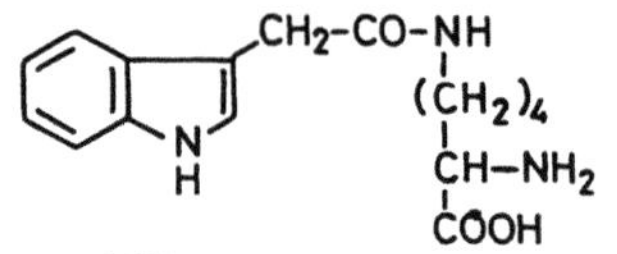   XII

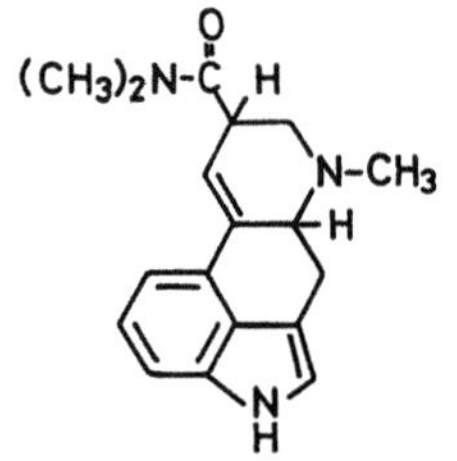

XIII 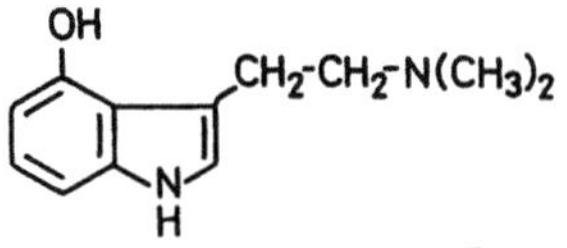   XIV 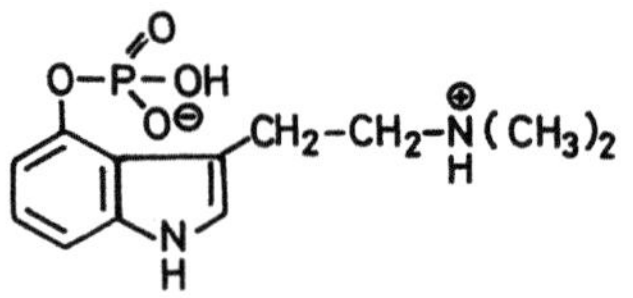   XV

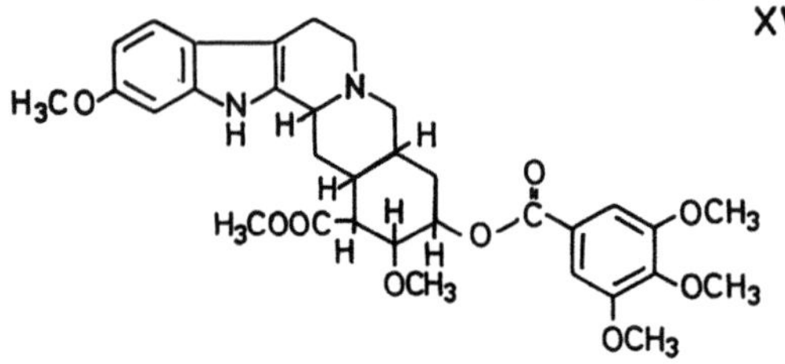

XVI

Chinin und Chinidin (XVII) sind wichtige (stereo-isomere) Alkaloide der Chinolin-Reihe. Ein fluorimetrisches Bestimmungsverfahren für Chinidin im Serum nutzt die Fluoreszenzlöschung dieser Verbindung durch Chlorid-Ionen [50].

Die Verbindungen der Vitamin-B_6-Reihe Pyridoxin (XVIII), Pyridoxamin (XIX) und Pyridoxal (XX), sämtlich Derivate des Pyridins, zeigen relativ intensive Fluoreszenz bei etwa 400 nm und lassen sich fluorimetrisch in Zellextrakten, im Blut sowie im Urin fluorimetrisch bestimmen [33, 51]. Gegenüber dieser diekten Bestimmungsmethode bietet ein Derivatisierungsverfahren Vorteile, bei dem die Probe mit 2-p-Chlorsulfonyl-3-phenylindon umgesetzt wird und die beständigen Derivate an Kieselgel chromatographiert und anschließend mit Natriumäthylat in die stark fluoreszierenden Diphenyl-isobenzofuran-sulfonyl-Derivate überführt werden [52]. — Auch für zahlreiche andere Vitamine, z.B. das aus einer substituierten Thiazol- und Pyrimidin-Einheit aufgebaute Vitamin B_1 sind fluorimetrische Bestimmungsmethoden entwickelt worden [53].

Viele N-substituierte Phenothiazine, z.B. Chlorpromazin (XXI), haben als Tranquilizer Bedeutung und ihre rasche Bestimmung in Körperflüssigkeiten ist häufig in der klinischen Praxis erforderlich. XXI selbst und verwandte Verbindungen [54] haben eine relativ schwache inhärente Fluoreszenz, lassen sich aber durch Oxidation mit z.B. Kaliumpermanganat oder Wasserstoffperoxid in stärker fluoreszierende Verbindungen überführen. Bestimmungsverfahren dieser Art für XXI und andere pharmakologisch wichtige Phenothiazin-Abkömmlinge im Urin sind beschrieben worden [55].

Das Cumaron-Derivat Griseofulvin (XXII), ein in der Human- und Veterinärmedizin zur Behandlung von Mycosen angewandtes Antibioticum, zeigt eine intensive Fluoreszenz bei 450 nm (Anregung bei 295 nm), die zur fluorimetrischen Bestimmung der Verbindung im Blut, Plasma und Urin im Mikrogramm-Bereich verwendet wird [56].

Eine wichtige Rolle spielt die Fluorimetrie auf dem Gebiet der Rauschdrogen-Analytik. Schnellmethoden zum Nachweis von Rauschdrogen z.B. im Speichel sind entwickelt worden. Die charakteristische Fluoreszenz des Chroman-Abkömmlings Tetrahydrocannabinol (XXIII), der wirksamen Komponente von Marihuana, liegt bei 380 nm. XXIII ist photochemisch relativ instabil und zersetzt sich bei UV-Belichtung, wobei sich das Fluoreszenzspektrum ändert. Hierauf basiert eine Methode, die es gestattet, bis zu 1 ng/ml Speichel von XXIII nachzuweisen [57].

XVII

XVIII   XIX   XX

XXI   XXII

XXIII

B. Elemente und anorganische Verbindungen

Mit wenigen Ausnahmen (siehe Kapitel II.I) zeigen anorganische Ionen keine inhärente Fluoreszenz, jedoch fluoreszieren die Chelate zahlreicher metallischer Ionen mit geeigneten organischen Chelatbildnern sehr intensiv und hierauf basieren

viele zum Teil recht empfindliche fluorimetrische Nachweis- und Bestimmungsmethoden für Elemente und anorganische Verbindungen.

Winefordner, Schulman und O'Haver [1] haben für zahlreiche Elemente die
Nachweisgrenzen der „anorganischen Fluorimetrie" mit denen anderer spuren-
analytischer Methoden verglichen, wie zum Beispiel Atomabsorption, Atom-
fluoreszenz und Neutronenaktivierung. Nur für sehr wenige Elemente, zum Beispiel
Phosphor, ist die anorganische Fluorimetrie die empfindlichste Methode, aber
für viele Elemente ist ihre Empfindlichkeit mit der anderer Methoden vergleichbar.

Schulman [2] hat für Elemente und anorganische Ionen fluorimetrische Bestimmungsverfahren unter Angabe des Verfahrensprinzips, der Nachweisgrenze und
des Hilfsreagenzes tabellarisch zusammengestellt; für jede Bestimmungsmethode
ist eine repräsentative Literaturstelle angegeben.

Über Fortschritte auf dem Gebiet der anorganischen Fluorimetrie wird in den
bereits erwähnten Übersichtsartikeln der Zeitschrift „Analytical Chemistry" be-
richtet.

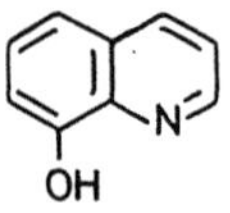

XXIV

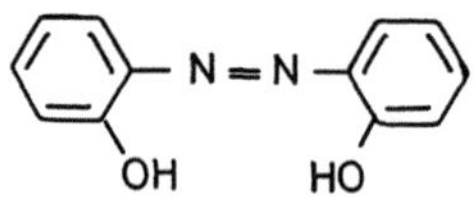

XXV

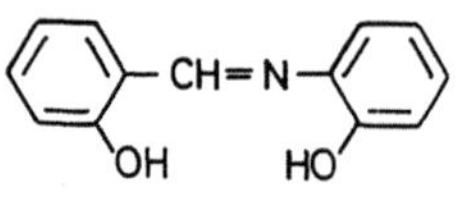

XXVI

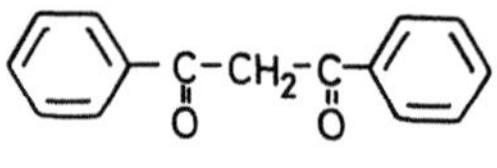

XXVII

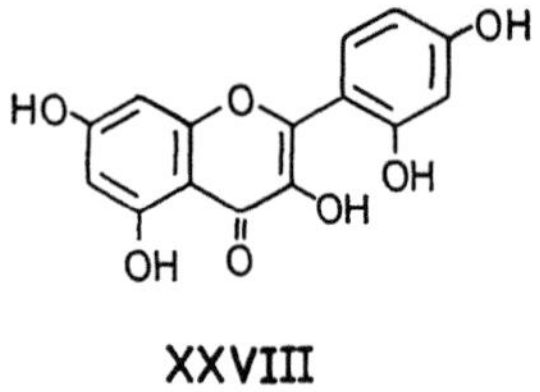

XXVIII

Die bekanntesten und am häufigsten in der anorganischen Fluorimetrie verwendeten Chelat-Bildner sind 8-Hydroxy-chinolin (XXIV), 2,2'-Dihydroxy-azo-
benzol (XXV), Salicyliden-o-aminophenol (XXVI), Dibenzoyl-methan (XXVII)
und Flavanole wie zum Beispiel Morin (XXVIII).

Im allgemeinen ist die Selektivität der Chelatbildung relativ gering, d. h. unterschiedliche Ionen komplexieren mit dem gleichen Chelat-Bildner. Da überdies die
Fluoreszenzmaxima der Chelate verschiedener Ionen häufig bei sehr ähnlichen

Wellenlängen liegen und sich durch relativ große Bandenbreiten auszeichnen, ergeben sich Restriktionen in der Anwendung der anorganischen Fluorimetrie oft aus ihrer mangelnden Selektivität.

Nachstehend werden einige Beispiele für die fluorimetrische Bestimmung von Elementen und anorganischen Verbindungen besprochen. Für die Auswahl der Beispiele waren eine möglichst große Variation der Methoden und Anwendungsgebiete entscheidend.

Zur Bestimmung des Gesamtschwefels (d.h. der Summe von anorganisch und organisch gebundenem Schwefel sowie freiem Schwefel) im Benzol wird der in der Untersuchungsprobe enthaltene Schwefel mittels Raney-Nickel in Nickelsulfid (NiS) überführt, H_2S durch Ansäuern freigesetzt, in Natronlauge absorbiert, die Lösung mit Quecksilberfluoresceintetraacetat versetzt und die Fluoreszenz bei Anregung im Bereich von 350 bis 480 nm (Filterfluorimeter) gemessen. Die Nachweisgrenze für Gesamtschwefel beträgt etwa $10^{-5}\%$ [58].

[Zur H_2S-Bestimmung in der Luft ist ein analoges Verfahren geeignet. Bei einer Konzentration von $2 \cdot 10^{-7}$ g H_2S/Nm^3 Luft beträgt die relative Standardabweichung der Methode 10% [59].

Ein Fluoreszenzlöschverfahren (Indirekte Methode, siehe Kapitel III.F) ist zur Bestimmung von Thallium (I) vorgeschlagen worden. Man nutzt hierbei den Löscheffekt von Tl^+ auf die Fluoreszenz von Uranyl-Ionen in saurer Lösung. Die Methode ist anwendbar im Bereich von 0,5 bis 400 µmol Tl(I)-Salz. Ag(I), Fe(II), Hg(I), Sn(II) und Halogen-Ionen stören, da sie ebenfalls die Uranyl-Fluoreszenz löschen; allerdings kann der störende Einfluß von Fe(II), Hg(I) und Sn(II) durch Überführung in die höhere Oxidationsstufe eliminiert werden [60].

Natriumnitrit läßt sich in Fleischwaren mit einem indirekten fluorimetrischen Verfahren bestimmen. Das im wäßrigen Extrakt vorliegende Natriumnitrit wird zur Diazotierung einer Sulfanilsäure-Lösung bekannter Konzentration verwendet, überschüssige Sulfanilsäure mit Fluorescamin (IV) (siehe Kapitel V.A.2) markiert und die Fluoreszenz des Reaktionsprodukts gemessen. Die Wiederfindungsrate für Natriumnitrit liegt im Mittel bei 93% und die Standardabweichung des Verfahrens beträgt 5,28% [61]. — In anderen Verfahren zur Bestimmung von Nitrit im Sub-Nanogramm-Bereich wird 5-Amino-fluorescein als Hilfsreagenz verwendet [62] und die Methode kann in modifizierter Form auch zur quantitativen Erfassung von NO_2 in Luft (0,1 bis 1 ppb (vol/vol)) verwendet werden [63].

Ein sehr empfindliches Verfahren zur Bestimmung von Phosphat in biologischen Flüssigkeiten beruht auf der Umsetzung des Phosphats mit Ammoniummolybdat und Thiamin zu einem stark fluoreszierenden Thiochrom [64]. Das Verfahren ist anwendbar zur Bestimmung von pmol-Mengen anorganischen Phosphats in Nierentubulus-Flüssigkeit [65].

Zur Bestimmung von Selen in Sulfiderzen wird die Umsetzung mit 2,3-Diaminonaphthalin zum stark fluoreszierenden Piazselenol genutzt. Die Nachweisgrenze des Vesfahrens liegt bei 5 ppb [66]. In modifizierter Form ist die Methode zur getrennten Erfassung von Selen(IV) und Selen(VI) in Wasserproben vorgeschlagen worden [67].

Molybdän bildet mit Thiocyanat und Rhodamin B einen ternären 1:5:2-Komplex $(MoO(SCN)_5(RhB)_2)$. Zur fluorimetrischen Molybdän-Bestimmung ermittelt man die Rhodamin B-Fluoreszenzabnahme gegenüber der reinen Rhodamin B-

Lösung. Die Methode ist zur Bestimmung von Molybdän in Pflanzenmaterial herangezogen worden [68]. Andere Molybdän-Bestimmungsmethoden nutzen die Fluoreszenz des 1:1-Komplexes von Molybdän mit Morin (XXVIII). Tieftemperaturfluorimetrie hat sich hier als vorteilhaft erwiesen [69].

Zur Bestimmung der sehr niedrigen Aluminiumgehalte natürlicher Wässer wird die Fluoreszenz des Aluminium-Komplexes mit Lumogallion genutzt (Anregung bei 465 nm, Emission bei 555 nm). Das Verfahren erfaßt alle löslichen Aluminiumsalze und die Nachweisgrenze liegt bei $5 \cdot 10^{-8}$ g/l [70].

Festkörperfluorimetrie (siehe Kapitel IV.D) ist zur Bestimmung von Europium in Lanthaniden vorgeschlagen worden. Gemessen wird die Festkörperfluoreszenz (Raumtemperatur) eines Komplexes mit 1,1,1-Trifluor-4-phenyl-butan-2,4-dion. Nur wenige Lanthaniden stören die selektive Europium-Bestimmung [71].

Die fluorimetrische Bestimmung von Rhenium (nach Überführung in Perrhenat) ist durch Versetzen der phosphathaltigen Perrhenat-Lösung mit Acridinorange, Extraktion der Lösung mit Dichlorethan/Acetylaceton (4:1) und anschließender fluorimetrischer Messung möglich (Anregung bei 465 nm, Emission bei 495 nm). Die Nachweisgrenze für Rhenium liegt bei $8 \cdot 10^{-9}$ g/ml [72].

Für eine Iridium-Bestimmung wird die katalytische Wirkung des Ir auf die Ce(IV)-Reduktion mit As(III) oder Sb(III) genutzt. Die entstehenden Ce(III)-Ionen werden durch ihre Fluoreszenz im UV-Gebiet nachgewiesen. Der Variationskoeffizient liegt für die Bestimmung von $1 \cdot 10^{-7}$ g Ir bei etwa 20 % [73].

Tieftemperaturfluorimetrie ist zur Spurenbestimmung von Kupfer vorgeschlagen worden. Fluorimetrisch vermessen wird der Kupfer-Ätioporphyrin II-Komplex in Butyloxid bei 77 K. Die Methode ist zum Beispiel zur Bestimmung von Kupfer in SiO_2 geeignet (Kupfergehalte: $4 \cdot 10^{-7}$ bis $3 \cdot 10^{-6}$ %). Die Nachweisgrenze liegt bei $3 \cdot 10^{-10}$ g Kupfer und das Verfahren wird durch Na, K, Sr, Ba, Ca, Mg, Zn, Cd, Ni, Fe, Mn, Sn, Cl^-, Br^-, SO_4^{2-} und PO_4^{2-} nicht gestört [74].

Ein anderes Verfahren zur Kupferbestimmung im Spurenbereich nutzt die Fluoreszenzlöschwirkung von Cu(II) auf die Fluoreszenz des Kondensationsprodukts aus 2-Hydroxy-1-naphthaldehyd mit Dithiocarbaminsäure-p-Chlorbenzylester. Die Nachweisgrenze der Methode liegt im ppm-Bereich. Schon in niedrigen Konzentrationen stören Co und Cd, erst bei höheren Konzentrationen auch Ag, Zn, Mn, Ni, Cr und Fe [75].

Zur Bestimmung von Bor in Wässern werden zwei fluorimetrische Verfahren als am besten geeignet empfohlen. Bei Verfahren 1 (Anwendungsbereich: 2,5 bis $10 \cdot 10^{-6}$ g B/l) wird 2-Hydroxy-4-methoxy-4'-chlorbenzophenon als fluorimetrisches Reagenz verwendet [76, 77]. Verfahren 2 (Anwendungsbereich: $1 \cdot 10^{-5}$ bis $1 \cdot 10^{-3}$ g B/l) arbeitet mit Azomethin H [78] als Fluoreszenzreagenz. Die Verfahren zeichnen sich durch geringen apparativen und zeitlichen Aufwand aus und sind zum Einsatz im Gewässerschutz geeignet [79].

Zink und Cadmium lassen sich in Abwasser nach Trennung am Ionenaustauscher durch Umsetzung mit Thiooxin bestimmen (Anregung bei 365 nm Emission bei 534 nm für beide Elemente) [80].

Literatur zu Kapitel V

Im Text zitierte Arbeiten:

1. Winefordner, J. D., Schulman, S. G., O'Haver, T. C.: Luminescence Spectrometry in Analytical Chemistry. London: Wiley-Interscience 1972
2. Schulman, S. G.: Fluorescence and Phosphorescence Spectroscopy. Oxford: Pergamon Press 1977
3. Clar, E.: Polycyclic Hydrocarbons. London–New York: Academic Press 1964
4. Berlman, I. B.: Handbook of Fluorescence Spectra of Aromatic Molecules. London–New York: Academic Press 1965
5. Kershaw, J. R.: Fuel *57*, 299 (1978)
6. Drake, J. A. G., Jones, D. W., Causey, B. S., Kirkbright, G. F.: Fuel *57*, 663 (1978)
7. Franck, H.-G., Knop, A.: Kohleveredlung. Berlin–Heidelberg–New York: Springer-Verlag 1979
8. Thoms, R., Zander, M.: Fresenius Z. anal. Chem. *282*, 443 (1976)
9. Sawicki, E., Pfaff, J. D.: Anal. Chim. Acta *32*, 521 (1965)
10. Heinrich, G., Güsten, H.: Fresenius Z. anal. Chem. *278*, 257 (1976)
11. Zander, M.: Internat. J. Environ. Anal. Chem. *4*, 109 (1975)
12. Zander, M.: Phosphorimetry. London–New York: Academic Press 1968
13. Weber, G.: Biochem. J. *51*, 155 (1952)
14. Woo, J., Cano, C., Cannon, D. C.: Clin. Chem. *23*, 515 (1977)
15. Denkla, W. D., Dewey, H. K.: J. Lab. Clin. Med. *69*, 160 (1967)
16. Bloxam, D. L., Warren, W. H.: Anal. Biochem. *60*, 621 (1974)
17. Guilbaut, G. G., Froehlich, P. M.: Clin. Chem. *19*, 1112 (1973)
18. Nairn, R. C. (ed.): Fluorescence Protein Tracing. Edinburgh: Livingstone 1962
19. Froehlich, P. M., Murphy, L. D.: Anal. Chem. *49*, 1606 (1977)
20. Tometsko, A. M., Vogelstein, E.: Anal. Biochem. *64*, 438 (1975)
21. Spencer, P. W., Titus, J. S., Spencer, R. D.: Anal. Biochem. *64*, 556 (1975)
22. Klein, B., Standaert, F.: Clin. Chem. *22*, 413 (1976)
23. Josefsson, B., Lindroth, P., Östling, G.: Anal. Chim. Acta *89*, 21 (1977)
24. Stryer, L., Haugland, R. P.: Proc. Nat'l. Acad. Sci. U.S. *58*, 67 (1967)
25. Eisenger, J., Gueron, M., Schulman, R. G., Yamane, T.: Proc. Nat. Acad. Sci. *55*, 1015 (1966)
26. Yuki, H., Sempuku, C., Park, M., Isemura, H., Takiura, K.: Anal. Biochem. *57*, 290 (1974)
27. Singh, J., Siminovitch, D.: Anal. Biochem. *71*, 308 (1976)
28. Setaro, F., Morley, C. G. D.: Anal. Biochem. *71*, 313 (1976)
29. Lien, T., Knutsen, G.: Anal. Biochem. *74*, 560 (1976)
30. Hill, B. T.: Anal. Biochem. *70*, 635 (1976)
31. Beers, P. C., Wittliff, J. L.: Anal. Biochem. *63*, 433 (1975)
32. Hanson, K. P., Zvonareva, N. B., Ostashevsky, Y. Y., Zhivotovsky, B. D.: Anal. Biochem. *94*, 121 (1979)
33. Udenfriend, S.: Fluorescence Assay in Biology and Medicine. New York: Academic Press 1962
34. Guibault, G. G.: Fluorescence: Theory, Instrumentation and Practice. New York: Dekker 1967
35. Hankins, C. N., Largen, M., Mills, S. E.: Anal. Biochem. *69*, 510 (1975)
36. Höhne, W. E., Heitmann, P.: Anal. Biochem. *69*, 607 (1975)
37. Zimmermann, M., Yurewicz, E., Patel, G.: Anal. Biochem. *70*, 258 (1976)
38. Zimmermann, M., Ashe, B., Yurewicz, E. C., Patel, G.: Anal. Biochem. *78*, 47 (1977)
39. Thomas, H., Veser, J., Müller-Enoch, D.: Hoppe Seyler's Z. Physiol. Chem. *357*, 1347 (1976)
40. Taylor, S., Ninjoor, V., Dowd, D. M., Tappel, A. L.: Anal. Biochem. *60*, 153 (1974)
41. Van der Hoeven, Th.: Anal. Biochem. *77*, 523 (1977)
42. Furihata, C., Senma, T., Saito, D., Matsishima, T., Sugimara, T.: Anal. Biochem. *84*, 479 (1978)

43. Hutzinger, O., Zander, M.: Anal. Biochem. *28*, 70 (1969)
44. Van Duuren, B. L.: J. Org. Chem. *26*, 2954 (1961)
45. Leemann, H. G., Stich, K., Thomas, M.: Advan. Drug. Res. *6*, 151 (1963)
46. Yamamoto, Tsukada, M., Segawa, T.: Japan Analyst *24*, 661 (1975)
47. Aaron, J. J., Sanders, L. B., Winefordner, J. D.: Clin. Chim. Acta *45*, 375 (1973)
48. Dal Cortivo, L. A., Broich, J. R., Dihrberg, A., Newman, B.: Anal. Chem. *38*, 1959 (1966)
49. Smith, W. M., Clark, C. C.: J. Assoc. Off. Anal. Chem. *59*, 811 (1976)
50. Osinga, A., De Wolf, F. A.: Clin. Chim. Acta *73*, 505 (1976)
51. Bazhulina, N. P., Morozow, Y. V., Karpeisskii, N. Y., Ivanov, V. I., Kuklin, A. I.: Biofizika *11*, 42 (1966)
52. Durko, I., Valdovska-Yukknovska, Y., Ivanov, Ch. P.: Clin. Chim. Acta *49*, 407 (1973)
53. Blum, K.-U., Merkel, R.: Z. Klin. Chem. Klin. Biochem. *12*, 437 (1974)
54. Ragland, J. B., Kinross-Wright, V. J.: Anal. Chem. *36*, 1356 (1964)
55. Mellinger, T. J., Mellinger, E. M., Smith, W. T.: Intern. J. Neuropsychiatry 466 (1965)
56. Bedford, C., Child, K. J., Tomich, E. G.: Nature *184*, 364 (1959)
57. Valentine, J. L., Psaltis, P.: Anal. Lett. *12B*, 855 (1979)
58. Tsebrü, L. S., Orlova, V. E., Belyantseva, L. A., Vail, E. I.: Zavodsk. Lab. *45*, 499 (1979)
59. Jaeschke, W., Claude, H. J.: Staub-Reinhalt. Luft *38*, 355 (1978)
60. Yokoyama, Y., Ikeda, S.: Japan Analyst *24*, 257 (1975)
61. Coppola, F. D., Wickroski, A. F., Hanna, J. G.: J. Assoc. Offic. Anal. Chem. *58*, 469 (1975)
62. Axelrod, H. D., Engel, N. A.: Anal. Chem. *47*, 922 (1975)
63. Axelrod, H. D., Pickett, R. A., Engel, N. A.: Anal. Chem. *47*, 2021 (1975)
64. Holzbecher, J., Ryan, D. E.: Anal. Chim. Acta *64*, 147 (1973)
65. Brunette, M. G., Vigneault, N., Danan, G.: Anal. Biochem. *86*, 229 (1978)
66. Michael, S., White, C. L.: Anal. Chem. *48*, 1484 (1976)
67. Yoshii, O., Hiraki, K., Nishikawa, Y., Shigematsu, T.: Japan Analyst *26*, 91 (1977)
68. Haddad, P. R., Alexander, P. W., Smythe, L. E.: Talanta *22*, 61 (1975)
69. Pilipenko, A. T., Zebentjaev, A. I., Volkova, A. I.: Ukrain. Chim. Z. *41*, 260 (1975)
70. Hydes, D. J., Liss, P. S.: Analyst *101*, 922 (1976)
71. Lyle, S. J., Maghzian, R.: Anal. Chim. Acta *80*, 125 (1975)
72. Grigorjan, L. A., Gajbakjan, A. G., Tarajan, V. M.: Zavodsk Lab. *40*, 136 (1974)
73. Scerbov, D. P., Injutina, O. D., Ivankova, A. I.: Z. Anal. Chim. *28*, 1372 (1973)
74. Solovjev, E. A., Lebedeva, N. A., Sidenko, Z. S.: Z. Anal. Chim. *29*, 1531 (1974)
75. Kasa, I., Bajnoczy, G.: Period. Polytechn. Chem. Engin. *18*, 289 (1974)
76. Monnier, D., Liebich, B., Marcantonatos, M.: Fresenius Z. Anal. Chem. *247*, 188 (1969)
77. Monnier, D., Liebich, B., Marcantonatos, M.: Anal. Chim. Acta *52*, 305 (1970)
78. Hofer, A., Brosche, E., Heidinger, R.: Fresenius Z. anal. Chem. *253*, 117 (1971)
79. Dietz, F.: Gas Wasserfach, Wasser–Abwasser *116*, 301 (1975)
80. Shibata, M., Kakiyama, H.: Bunseki Kagaku *26*, 640 (1977)

Sachverzeichnis

MIX
Papier aus verantwortungsvollen Quellen
Paper from responsible sources
FSC® C105338

If you have any concerns about our products,
you can contact us on
ProductSafety@springernature.com

In case Publisher is established outside the EU,
the EU authorized representative is:
Springer Nature Customer Service Center GmbH
Europaplatz 3, 69115 Heidelberg, Germany

Printed by Libri Plureos GmbH
in Hamburg, Germany